企业安全风险评估技术与管控体系研究丛书
国家安全生产重特大事故防治关键技术科技项目
湖北省安全生产专项资金项目资助

烟花爆竹企业
重大风险辨识评估与分级管控

姜旭初 | 等著

化学工业出版社
·北京·

内容简介

《烟花爆竹企业重大风险辨识评估与分级管控》为“企业安全风险评估技术与管控体系研究丛书”的一个分册。

本书通过对烟花爆竹企业调研和重特大事故案例分析，明晰烟花爆竹重特大事故的致灾因子，以“车间”为单元分别辨识烟花爆竹生产、运输、储存、经营销售过程中潜在的风险因素，形成烟花爆竹企业“五高”（高风险物品、高风险工艺、高风险设备、高风险场所、高风险作业）风险清单；通过研究确定烟花爆竹企业“五高”风险分级评价因子集、计算特征风险因子、确定风险分级阈值，建立烟花爆竹企业“五高”风险管控体系。本书重点阐述了“五高”风险辨识与评估技术，包括烟花爆竹企业风险辨识与评估、“五高”风险辨识与评估程序、“5＋1＋N”指标体系、单元“5＋1＋N”指标计量模型、风险聚合方法。在此基础上构建烟花爆竹企业“五高”风险态势预警分析模型，实现基于“五高”风险的烟花爆竹重特大事故动态分级及管控。

本书适合烟花爆竹企业的主要负责人和安全管理人员、政府负责安全监管人员阅读，也适合高校和研究院所的教师、研究人员和学生参考。

图书在版编目（CIP）数据

烟花爆竹企业重大风险辨识评估与分级管控/姜旭初等著. —北京：化学工业出版社，2022.10（2025.5 重印）
（企业安全风险评估技术与管控体系研究丛书）
ISBN 978-7-122-41993-4

Ⅰ.①烟…　Ⅱ.①姜…　Ⅲ.①爆竹-安全生产-安全管理-研究　Ⅳ.①TQ567.9

中国版本图书馆 CIP 数据核字（2022）第 147456 号

责任编辑：高　震　杜进祥　　　装帧设计：韩　飞
责任校对：王　静

出版发行：化学工业出版社（北京市东城区青年湖南街 13 号　邮政编码 100011）
印　　装：北京盛通数码印刷有限公司
710mm×1000mm　1/16　印张 11¾　字数 184 千字　2025 年 5 月北京第 1 版第 2 次印刷

购书咨询：010-64518888　　　售后服务：010-64518899
网　　址：http://www.cip.com.cn
凡购买本书，如有缺损质量问题，本社销售中心负责调换。

定　　价：88.00 元

“企业安全风险评估技术与管控体系研究丛书”编委会

丛书序

安全生产是保护劳动者的生命健康和企业财产免受损失的基本保证。经济社会发展的每一个项目、每一个环节都要以安全为前提，不能有丝毫疏漏。当前我国经济已由高速增长阶段转向高质量发展阶段，城镇化持续推进过程中，生产经营规模不断扩大，新业态、新风险交织叠加，突出表现为风险隐患增多而本质安全水平不高、监管体制和法制体系建设有待完善、落实企业主体责任有待加强等。安全风险认不清、想不到和管不住的行业、领域、环节、部位普遍存在，重点行业领域安全风险长期居高不下，生产安全事故易发多发，尤其是重特大安全事故仍时有发生，安全生产总体仍处于爬坡过坎的艰难阶段。特别是昆山中荣“8·2”爆炸、天津港“8·12”爆炸、江苏响水“3·21”爆炸、湖北十堰“6·13”燃气爆炸等重特大事故给人民生命和国家财产造成严重损失，且影响深远。

2016年，国务院安委会发布了《关于实施遏制重特大事故工作指南构建双重预防机制的意见》（安委办〔2016〕11号），提出“着力构建企业双重预防机制”。该文件要求企业要对辨识出的安全风险进行分类梳理，对不同类别的安全风险，采用相应的风险评估方法确定安全风险等级，安全风险评估过程要突出遏制重特大事故。2022年，国务院安委会发布了《关于进一步强化安全生产责任落实坚决防范遏制重特大事故的若干措施》（安委〔2022〕6号），制定了十五条硬措施，发动各方力量全力抓好安全生产工作。

提高企业安全风险辨识能力，及时发现和管控风险点，使企业安全工作认得清、想得到、管得住，是遏制重特大事故的关键所在。“企业安全风险评估技术与管控体系研究丛书”通过对国内外风险辨识评估技术与管控体系的研究及对各行业典型事故案例分析，基于安全控制论以及风险管理理论，以遏制重特大事故为主要目标，首次提出基于“五高”风险（高风险设备、高风险工艺、高风险物品、高风险作业、高风险场所）“5+1+N”的辨识评估分级方法与管控技术，并与网络信息化平台结合，实现了风险管控的信息化，构建了风险监控预警与管理模式，属原创性风险管控理论和方法。推广应用该理论和方法，有利于企业风险实施动态管控、持续改进，也有利于政府部门对企业的风险实施分级、分类集约化监管，同时也为遏制重特大事故提供决策支持。

“企业安全风险评估技术与管控体系研究丛书”包含六个分册，分别为《企业安全风险辨识评估技术与管控体系》《危险化学品企业重大风险辨识评估与分级管控》《工贸行业重大风险辨识评估与分级管控 》《烟花爆竹企业重大风险辨识评估与分级管控 》《非煤矿山企业重大风险辨识评估与分级管控 》《金属冶炼企业重大风险辨识评估与分级管控》。丛书是众多专家多年潜心研究成果的结晶，介绍的企业安全风险管控的新思路和新方法，既有很高的学术价值，又对工程实践有很好的指导意义。希望丛书的出版，有助于读者了解并掌握“五高”辨识评估方法与管控技术，从源头上系统辨识风险、管控风险，消除事故隐患，帮助企业全面提升本质安全水平，坚决遏制重特大生产安全事故，促进企业高质量发展。

丛书基于 2017 年国家安全生产重特大事故防治关键技术科技项目“企业‘五高’风险辨识与管控体系研究”（hubei-0002-2017AQ）和湖北省安全生产专项资金科技项目“基于遏制重特大事故的企业重大风险辨识评估技术与管控体系研究”的成果，编写过程中得到了湖北省应急管理厅、中钢集团武汉安全环保研究院有限公司、中国地质大学（武汉）、武汉科技大学、中南财经政法大学等单位的大力支持与协助，对他们的支持和帮助表示衷心的感谢！

“企业安全风险评估技术与管控体系研究丛书”丛书编委会

2022 年 12 月

前言

自20世纪80年代开始，随着国民经济的高速发展，烟花爆竹市场需求进一步加大，烟花爆竹行业规模也随之扩大，但由于烟花爆竹属于劳动密集型的高危行业，具有本质安全程度低、企业规模小、工艺设备简单、技术含量低、投资成本小、风险高等特点，加之从业人员文化素质和安全意识不能满足实际需要的矛盾突出，一些地方安全监管还不到位，致使烟花爆竹事故时有发生，给人民群众生命财产安全造成了重大损害。

为贯彻《中共中央国务院关于推进安全生产领域改革发展的意见》（中发［2016］32号），按照国家、省、市关于构建风险分级管控和隐患排查治理双重预防机制的重大决策部署，认真落实《遏制危险化学品和烟花爆竹重特大事故工作意见》（安监总管三［2016］62号），以安全风险辨识和管控为基础，从源头上系统辨识风险、管控风险，努力把各类风险控制在可接受范围内，消除和减少事故隐患，遏制较大以上生产事故的发生、减少一般事故，建立一套系统性的安全风险防控体系，全面提升烟花爆竹企业的本质安全水平，我们编写了此书。

全书共六章，第一章绪论、第二章典型烟花爆竹事故案例及分析、第三章基于遏制重特大事故的“五高”风险管控理论、第四章烟花爆竹企业“五高”风险辨识与评估技术、第五章烟花爆竹企业风险辨识评估模型应用分析、第六章烟花爆竹企业风险分级管控。本书的编写思路是，收集烟花爆竹企业事故案例数据，对事故案例分析，寻找与事故相关的风险因子；按照烟花爆竹生产工艺划分风险单元，编制烟花爆竹企业通用风险辨识清单，形成通用风险与隐患违规证据信息清单；以烟花爆竹生产工艺为单元，以事故风险点为评估主线，辩识“五高”风险因子，建立烟花爆竹企业高危风险固有风险指标体系；通过建立的烟花爆竹企业评估模型，计算事故风险点的固有危险指数；引入加权累计各风险点的固有危险指数，形成单元固有危险指数；引入安全标准管控频率指标，聚合单元初始风险；运用动态风险因子实时修正，得出单元现实风险；聚合单元现实风险形成企业现实风险，聚合企业现实风险形成区域现实风险。

本书的突出特点：一是基于“五高”重大风险内涵，研究了烟花爆竹企业高风险设备、高风险场所、高风险工艺、高风险物品、高风险作业固有属性的具体表征及量化规则，建立了基于“5＋1＋N”的烟花爆竹企业重大风险评估模型，为烟花爆竹企业重大风险智能化管控平台的建设提供了模型基础。二是基于“五高”重大风险靶向管控，提出了隐患违章电子证据远程识别、企业风险精准定位及分级管控、政府分级监管及远程执法、风险一张图的烟花爆竹企业安全风险管控模式。

本书为“企业安全风险评估技术与管控体系研究丛书”的一个分册。本书由中南财经政法大学姜威同志和姜旭初同志撰写了第一章和第五章；平安科技（深圳）有限公司的薛国庆同志、湖北省襄阳市樊城区乡村交通事业发展中心的李刚同志编写了第二章；中南财经政法大学姜旭初同志和李颖同志撰写了第三章；姜旭初同志撰写第四章；李颖同志撰写第六章。姜旭初同志负责本书统稿。

全书在编写和审定过程中得到徐克、赵云胜、王先华、叶义成、彭仕优、黄洋、张浩、罗聪、黄莹、王其虎、李文、王彪、刘凌燕、夏水国、蒋畅和、郭玉梅、昝军、刘波、刘毅、张明、路建中等专家和同行的指点，在此表示衷心感谢。

由于著者水平和时间有限，书中不足之处，恳请读者批评指正。

著者

2022年6月

目 录

第一章　绪 论

2016 年 4 月 28 日，国务院安全生产委员会（简称国务院安委会）办公室在研究总结重特大事故发生规律特点、深入调查研究安全现状、广泛征求意见的基础上，制定了《标本兼治遏制重特大事故工作指南》（安委办〔2016〕3 号），各地区、各有关单位迅速贯彻、积极行动，结合实际大胆探索、扎实推进。2016 年 10 月 9 日，国务院安委会办公室印发《关于实施遏制重特大事故工作指南构建双重预防机制的意见》（安委办〔2016〕11 号），进一步明确总体思路、工作目标和构建企业双重预防机制的要求。2016 年 12 月 18 日，第一个以党中央、国务院名义印发《中共中央国务院关于推进安全生产领域改革发展的意见》（中发〔2016〕32 号），将生产经营过程中极易导致重大生产事故的违法行为列入刑法调整范围，并针对高危工艺、设备、物品、场所和岗位，建立分级管控制度。2017 年 2 月 20 日，《国务院安全生产委员会印发〈2017 年安全生产工作要点的通知〉》（安委〔2017〕1 号），要求贯彻落实《标本兼治遏制重特大事故工作指南》，制定完善安全风险分级管控和隐患排查治理标准规范，指导、推动地方和企业加强安全风险评估、管控，健全隐患排查治理制度，不断完善预防工作机制。

为了贯彻落实国家的规定，根据《国家安全监管总局关于印发遏制危险化学品和烟花爆竹重特大事故工作意见的通知》（安监总管三〔2016〕62 号）要求，2016 年 7 月 4 日湖北省安监局印发《湖北省遏制危险化学品和烟花爆竹重特大事故实施方案的通知》（鄂安监发〔2016〕68 号），着力解决全省范围内危险化学品领域和烟花爆竹行业存在的突出安全问题，有效防范较大事故，坚决遏制重特大事故。严格按照国家、省、市关于构建风险分级管控和隐患排查治理双重预防机制的重大决策部署，在推进“两化”体系建设过程中，重点要求企业开展重大风险（指高风险设备、高风险工艺、高风险场所、高风险物品、高风险岗位等“五高”风险）辨识，建立重大风险清单并制定控制措施，预防重特大事故的发生。在实施过程中，由于没有统一的重大风险辨识方法，导致部分企业的重大风险辨识不全、同类型企业的重大风险清单有差别较大，同时由于没有重大风险评估分级方法，未能对重大风险实施分级管控，这些都影响了该项工作的实施效果[1]。

因此，加快推进烟花爆竹领域风险分级管控和隐患排查治理双重预防机制建设，全面提升企业的本质安全水平，坚决遏制较大以上生产事故的发生，减少一般事故，建立一套系统的防控体系，是摆在各级政府、各部门和各企业面前的一个重大课题。

第一节　烟花爆竹安全生产形势

我国是烟花爆竹的生产、消费和出口大国，现有生产烟花爆竹企业约7000家，销售企业约14万家，从业人员约150万人；烟花爆竹的产值约120亿元人民币，出口总值约3.4亿美元，产量约占世界的75%[7]。

2016年我国烟花爆竹进出口贸易总量313864970kg；2017年进出口贸易总量323374690kg；2018年1季度进出口贸易总量57500816kg。2016年，我国烟花爆竹进出口贸易总额738469353美元；2017年进出口贸易总额724754122美元；2018年1季度进出口贸易总额134819294美元[4]。详见图1-1所示的2014—2018年1季度烟花爆竹进出口贸易总额走势图。

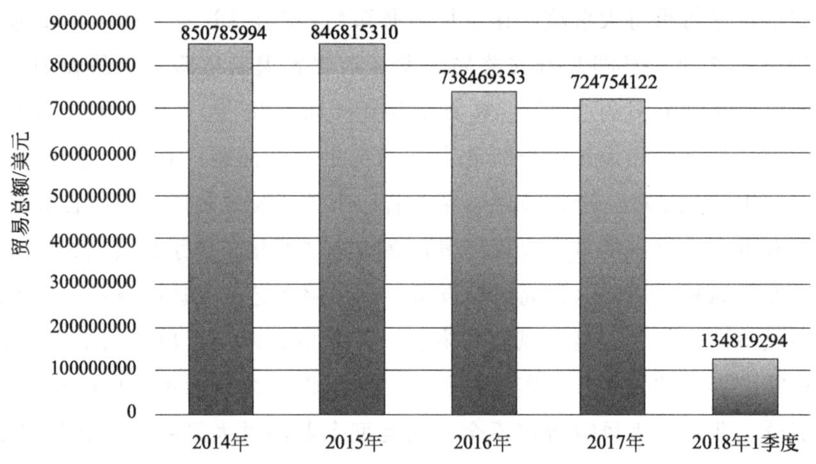

图1-1　2014—2018年1季度烟花爆竹进出口贸易总额走势图

自2005年北京市对烟花爆竹燃放实行“禁改限”之后，全国约有170多个设区的市也陆续由禁放改为限制燃放或者完全放开，这使烟花爆竹市场的需求量倍增，问题隐患也随之增加，发生事故风险增大。特别是近几年来，一些地方忽视或轻视对烟花爆竹的安全管理，致使烟花爆竹生产事故时有发生。

为了切实保障公共安全和人身、财产安全，适时探索和研发科学的烟花爆竹安全风险管控技术，建立烟花爆竹企业安全风险预警体系，利用信息化平台实时监控烟花爆竹企业生产经营、储存运输等关键环节的风险点，可为政府部门以及生产经营单位有针对性地解决监管、生产经营中存在的各类安全问题，对预防烟花爆竹事故发生具有重要意义。

（1）有利于提升烟花爆竹企业安全生产监管水平，提高烟花爆竹生产经营单位事故防范能力，减少事故发生和事故损失。依据烟花爆竹安全生产相关的国家法律、法规、标准、规范要求，负有安全生产监管职责部门依法对烟花爆竹安全生产履行监管职权，在市场经济条件和简政放权的大背景下，这一职能逐渐向服务型转变。通过对烟花爆竹生产经营中安全监管工作的深入研究，更加充分认识各部门在对烟花爆竹企业监管、服务过程中存在不足；通过了解和探索烟花爆竹企业安全的真实状况和对安全生产的真实需求，不断提高烟花爆竹企业监管和服务工作的实效。

（2）有利于解决烟花爆竹行业安全发展问题。一是过去几年烟花爆竹产业的快速发展的同时，也催生了激烈的恶性竞争，市场上超规格、超标准产品随处可见，假冒伪劣充斥市场，安全监管与利润追逐的矛盾尖锐突出，产、供、销环节合法生产经营的企业举步维艰；二是国家对烟花爆竹燃放政策的多次调整后，烟花爆竹行业在发展中又暴露出安全生产、产品环保升级、产业转型升级、部分企业转产退出等一些问题；三是烟花爆竹在节假日、重要活动等集中燃放过程中燃放造成的污染问题；四是现阶段烟花爆竹生产经营企业还不能从根本上杜绝此类事故造成的人员伤亡等。

第二节 烟花爆竹风险辨识评估技术现状

我国是烟花爆竹的发源地，同时也是全球最大的烟花爆竹制造与输出国。我国的烟花爆竹产品包括 9 大类，大约 3000 多个品种，销往世界 100 余个国家和地区[1]。我国加工、生产和制造烟花爆竹产品的企业分布在全国 20 个省（区、市）、约有几千家企业，其中传统产区的湖南省和江西省，已形成一个强大的区域性产品集群。烟花爆竹产品从生产、储存、运输，到销售、燃放、销毁等各个环节，一旦发生事故，就会危及人们生命财产安全，其企业面临的最大挑战就是公共安全问题。

本节通过对烟花爆竹生产经营企业风险预警、管理等方面相关文献的梳理，从而准确地把握了国内外学者在该领域研究的内容、深度和不足，为本课题的探索和研究找寻到切入点和方向。

一、国外发展现状

20 世纪 40 年代，由于制造业向规模化、集约化方向发展，系统安全理论应运而生，逐渐形成了安全系统工程的理论和方法。首先是在军事工业，1962 年 4 月，美国公布了第一个有关系统安全的说明书“空军弹道导弹系统安全工程”，对与民兵式导弹计划有关的承包商从系统安全的角度提出了要求，这是系统安全理论首次在实际中的应用。

1. 关于系统风险辨识评估方法的研究

1964 年，美国陶氏（DOW）化学公司根据化工生产的特点，开发出“火灾、爆炸危险指数评价法”，用于对化工生产装置的安全评价。1974 年，英国帝国化学公司（ICI）蒙德（Mond）部在陶氏化学公司评价方法的基础上，引进了毒性概念，并发展了某些补偿系数，提出了“蒙德火灾、爆炸，毒性指标评价法”；1974 年，美国原子能委员会在没有核电站事故先例的情况下，应用安全系统工程分析方法，提出了著名的《核电站风险报告》（WASH-1400），并被后来核电站发生的事故所证实。1976 年，日本劳动省颁布了“化工厂六阶段安全评价法”，采用了一整套安全系统工程的综合分析和评价方法，使化工厂的安全性在规划、设计阶段就能得到充分的保障。随着安全风险评价技术的发展，风险评价已在现代安全管理中占有重要的地位[1]。

由于风险评价在减少事故，特别是减少重大事故方面取得的巨大效益，许多国家政府和生产经营单位投入巨额资金进行风险评价。美国原子能委员会 1974 年发表的《核电站风险报告》，就用了 70 人・年的工作量，耗资 300 万美元，相当于建造一座 1000MW 核电站投资的 1%。据统计，美国各公司共雇佣了约3000名的风险专业评价和管理人员，美国、加拿大等国就有50余家专门从事安全评价的“风险评价咨询公司”。当前，大多数工业发达国家已将风险评价作为工厂设计和选址、系统设计、工艺过程、事故预防措施及制订应急计划的重要依据。为了适应风险评价的需要，世界各国开发了包括危险辨识、事故后果模型、事故频率分析、综合危险定量分析等内容的商用化风险评价计算机软件包。随着信息处理技术和事故预防技术的进步，新型实用的风险评价软件不断地推向市场。计算机风险评价软件的开发研究，为风险评价的应用研究开辟了更加广阔的空间。

1993年，国际劳工大会通过了《预防重大工业事故公约》（国际劳工组织第174号公约）和建议书，该公约和建议书为建立国家重大危险源控制系统奠定了基础。

目前，常用的风险辨识方法主要有预先危险性分析（PHA）、事故树分析（FTA）、事件树分析（ETA）、危险与可操作性分析（HAZOP）等。常用的半定量风险评估方法有作业条件危险性评价法（LEC）、风险矩阵评价法、失效模式与影响分析评价法（FMEA）、改进的作业条件危险性评价法（MES）。其中，风险评价矩阵评价法是一种适合大多数风险评价的方法，在具体评估中应用较多[2]。

2. 关于烟花爆竹等危险化学品风险管理的研究

在研究方面，发达国家地区对烟花爆竹等危险化学品相关企业的安全与风险管理研究比较多[3,4]。如，罗伯特·希斯在其编著的《危机管理》一书中，对风险评估与管理进行了简要的概述，内容包括风险的概念、风险分析、风险确认、风险评价、风险评估、风险管理、风险交流、利用风险评估处理危机情境等。Savoye·Craig在对烟花爆竹安全调查过程中，采用事件研究技术以及差异回归框架来改进现有工作，以估计烟花爆竹的安全性。马丁·冯等在其主编的《公共部门风险管理》一书中，重点阐述了组织风险管理问题，强调风险管理是涉及全组织以及组织中所有成员的管理职能，提出了实施相应的风险管理方案所必需的基本手段和方法。Kara等建立了各路段风险影响区域模型，基于对立的学习与进化入侵杂草优化技术混合，生成不同的机器人最佳路径，以实现最小化路径长度和达到其指定目标时间的目标。Batta等提出以最小风险值为目标，研究了连续时间内有限时域半马尔可夫决策过程的平均风险值标准，通过扩展状态空间以包括成本水平的技术，在适当条件下存在最优策略来选择最优路径。Saccomanno 等分析了特定环境因素对运输路线的影响，采用层次分析法对主要交通道路进行了环境评估分析。Zografos 等用特定路段危化品运输车辆限制的数量来表示风险均衡性，提出一种安全漏洞分析方法，以便在运输路线上找到关键区域，特别是在运载危险货物的列车方面计算运输路线的选择概率。

二、国内发展现状

20 世纪 80 年代初期，系统安全被引入我国。通过消化、吸收国外安全检查表和安全风险评价方法，机械、冶金、航天、航空等行业的有关企业开始应用风险分析评价方法，如安全检查表（SCL）、事故树分析（FTA）、故障类型及影响分析（FEMA）、预先危险性分析（PHA）、危险与可操作性研究（HAZOP）、作业条件危险性评价（LEC）等。在许多企业，安全检查表和事故分析法已应用于生产班组和操作岗位。此外，一些石油、化工等易燃、易爆危险性较大的企业，应用 DOW 化学公司的火灾爆炸指数评价方法进行评价，许多行业和地方政府部门制定了安全检查表和评价标准。

国家“八五”科技攻关课题中，安全风险评价方法研究被列为重点攻关项目。由劳动部劳动保护科学研究所等单位完成的《易燃、易爆、有毒重大危险源辨识、评价技术研究》项目，将重大危险源评价分为固有危险性评价和现实危险性评价，后者在前者的基础上考虑各种控制因素，反映了人对控制事故发生和防止事故后果扩大的主观能动作用。《易燃、易爆、有毒重大危险源辨识、评价方法》填补了我国跨行业重大危险源评价方法的空白；在事故严重度评价中建立了伤害模型库，采用了定量的计算方法，使我国工业安全评价方法的研究从定性评价进入定量评价阶段。

与此同时，安全风险预评价工作在建设项目“三同时”工作向纵深发展过程中开展起来。经过几年的实践，1996 年，劳动部颁发了第 3 号令，规定六类建设项目必须进行劳动安全卫生预评价。预评价是根据建设项目的可行性研究报告内容，运用科学的评价方法，分析和预测该建设项目存在的职业危险有害因素的种类和危险、危害程度，提出合理可行的安全技术和管理对策，作为该建设项目初步设计中安全技术设计和安全管理、监察的主要依据。

近年来，烟花爆竹事故的发生率虽然略有下降，但是烟花爆竹安全生产事故频出，造成了不良的社会影响，学者也渐渐开始烟花爆竹生产、经营行业的研究，主要有以下四个方面[3-6]。

1. 关于烟花爆竹行业法律法规体系及安全管理政策的研究

赵耀江等在《烟花爆竹安全管理与安全生产技术》中，阐述了烟花爆竹企业安全管理、存储和运输安全操作与要求、生产安全机制、事故案例分析等观点与内容。黄茶香等在《烟花爆竹安全法律法规标准概述》中，对烟花爆竹企业相关的法律法规体系、标准体系进行了阐述，并提出了开展涉及安全与质量等重要领域的标准制（修）订工作的发展规划建议。罗建社在《烟花爆竹安全管理》中，阐述了对烟花爆竹企业管理的重要性，强调要强化烟花爆竹经营单位安全生产责任制、安全管理制度，严格落实经营许可实施办法以及科学合理地进行安全评价，强调以人为本，注重安全本质化。付海玲在《烟花爆竹行业法律管理制度探析》一文中，从内外因素对烟花爆竹行业法律管理制度影响因素进行分析，对相关鞭炮公司的法律管理制度的现状及其分析进行了评估，最后提出了相应的管理制度的对策建议。

2. 关于烟花爆竹行业事故原因、应急救援及对策反馈的分析研究

龚波涛对模糊数学的理论进行了阐述，建立了模糊矩阵，将模糊数学应用到安全评价当中，这对于传统安全评价方法来说是质的飞跃，实现了安全评价方法的定量分析。黄晓英、张剑芳运用层次分析法，对仓库安全管理进行了定量分析，通过建立仓库安全层次结构模型，综合了多种因素，计算并排序了各个指标因子，减小了评价工作中的随意性，对实际工作有一定参考价值。甄超英、鲁文浩等在《基于证据理论的烟花爆竹生产经营企业安全评价方法研究》一文中，对现行烟花爆竹生产经营企业安全评价方法的不足进行了分析，基于可信度分配建立风险评价指标体系，得出安全评价的可行性结论。罗艾民、吴昊在《烟花爆竹生产企业安全生产条件现状及对策分析》中，提出我国烟花爆竹国家标准要求以及发展现状和行业特点，并针对国内烟花爆竹生产企业安全生产条件现状和问题，提出针对性对策措施。黄武、夏一峰等在《烟花爆竹安全生产核心问题研究》中，分析了烟花爆竹危险性，分析了烟花爆竹事故原因，提出安全管理、进行科学布局、完善经营结构、科学管理、规范经营等观点，并阐明严格执行安全管理条例是保证安全经营的重中之重。于洋在《基于政府视角的辽宁省烟花爆竹行业安全管理问题与对策研究》一文中，立足于辽宁省现状，分析阐述了当地烟花爆竹行业的发展现状与特点，指出该行业经营过程中的一系列问题，并对各种问题的事故原因进行分析，最后提出具有针对性的解决对策和相应建议。李洋在《惠州市惠城区烟花爆竹安全监管问题研究》一文中，通过分析当地烟花爆竹行业现状，提出要加强安监队伍自身建设，同时完善烟花爆竹安全监管对策，最后提出要加强安全文化建设、落实企业主体责任与政府监管责任。

3. 关于烟花爆竹等危险化学品运输路径方案选择研究情况

阮继锋在《北京城区危险化学品运输安全管理现状与对策措施》一文中，指出危险化学品陆路运输的安全性、北京城区地域的特殊性以及当前危险化学品运输管理现状，提出了加强危险化学品运输安全管理与对策措施建议。严少伟在《我国危险化学品货物道路运输风险分析及防范研究》一文中，阐明了我国危险化学品道路运输管理体系现状，对道路运输过程中的风险进行分析，提出企业应加强自身管理、政府部门应积极推动物流软（硬）件建设、危险化学品生产企业应建立应急响应机制的观点。于晓桦、刘凯峥在《基于遗传算法的固定起讫点危险品配送路线优化》一文中，以遗传算法基本框架为基础，通过迭代得到最终配送路线及其对应适应值，得出了固定起讫点在危险品配送路线优化问题中有良好的适用性的结论。刘伯涛在《我国东北三省烟花爆竹物流配送中心的选址研究》一文中，通过对烟花爆竹与物流配送中心选址的概述，对烟花爆竹物流配送中心选址的影响因素进行了分析，并建立了相应的成本-风险模型，最后对物流配送中心的选址进行了实例分析。吴宗之、张圣柱在《2011—2015年全国危险化学品事故分析》一文中，采用数理统计方法对“十二五”期间我国危险化学品事故进行总体研究，对事故发生月份、区域、事故类别、事故环节、事故原因等进行分析，提出完善法规标准体系、加大执法检查力度是危险化学品安全生产形势持续好转的根本原因等观点。

4. 关于烟花爆竹监控体系方面研究情况[1,6,8]

刘劲彪在《湖南烟花爆竹产业行政监管体系研究及应用》一文中，通过对湖南烟花爆竹产业行政监管体系在组织动机、法规基础、工作设计、运行机制、技术运用等方面的比较分析，提出了建立湖南烟花爆竹行业发展的总体战略规划及实施意见，提出了健全法律法规体系、行政监管动态系统、宏观信息体系以及加快烟花爆竹企业的标准化建设等建议。肖磊在《长沙市烟花爆竹安全生产问题与对策研究》一文中，针对烟花爆竹生产的特点和行业发展现状，分析长沙市烟花爆竹安全生产中存在的主要问题，运用事故致因理论，从企业的人员、机（物）、环境等方面进行分析，找出引发事故的主要因素以及安全生产事故的成因机理。谭权在《“疏堵结合、控制源头”的烟花爆竹管理模式》一文中，针对烟花爆竹监管现状，提出了“疏堵结合、控制源头”的思路，并着重指出“堵住非法、伪劣烟花爆竹流入”是顺应民意的关键，也是确保社会稳定的当务之急。陆亚林在《对烟花爆竹产业的思考——产业结构调整与可持续发展》一文中，提出政府应该建立完善的支持系统，改变传统的消费习俗，推崇绿色消费，调整产业结构，提升现有烟花爆竹企业产品的科技含量及安全性、环保性。关磊等在《城市烟花爆竹安全监控与业务管理综合信息系统的研究和开发》一文中，设计开发了城市烟花爆竹安全监控与业务管理综合信息系统，实现了基于烟花爆竹仓库现场实时数据监测结果的多媒体联动、多用途智能报警监视硬件设备和配套的业务管理软件的信息融合。还有学者，如胡永正的《烟花爆竹管理探析》、夏公义的《对烟花爆竹安全管理的思考》、龙庆相的《关于烟花爆竹非法生产的原因与对策》等，针对非法生产烟花爆竹事故，分析研究其原因，采取相应措施，防患于未然。

综上所述，发达国家在安全经营研究领域起步较早，法律法规已经非常完善，企业能够自觉探索研究如何提升安全保障的方法、措施以及技术，对安全管理、药物环保等方面要求已超过法律和政府的要求，走在政府之前，并推动政府接受其先进理念，再上升为法律或规范，不断推进行业产业向前发展。

从国外研究现状来看，发达国家作为烟花爆竹产品的消费国，对于这种特殊产品的安全性的认识无论是政府组织，还是相关机构都给予了高度的重视，并从法律、政策和管理手段方面提出了相应的规定措施和对策，这些对于我国政府开展烟花爆竹行业的安全管理工作，提供有价值的参考与借鉴。

与发达国家相比，我国在烟花爆竹领域的研究相对起步较晚，作为一个比较小的行业，对该领域的研究并不是很多，所取得的一些理论成果也主要集中在烟花爆竹生产企业内部，从政府监管的角度研究烟花爆竹生产经营过程中安全风险管控的方法与模式更是寥寥无几，这些为本项目的研究工作提供了探索的空间。

第三节 烟花爆竹风险管控体系发展现状

一、国外研究现状

在发达国家地区，一般没有专门的安全生产监管机构，大多数与劳动和肩负职业健康职能的机构设置在一起。18 世纪 60 年代工业快速发展时期，由于生产工作条件比较恶劣，安全经营管理工作相对复杂，当时就出现了对改善安全和卫生条件的要求。一些国家对烟花爆竹实施了一系列的强制管理措施，国外的烟花爆竹行政监管法规和条例普遍重视销售、运输、储存和使用的安全，涉及的环节各有侧重，但涉及生产环节的内容较少[1,6]。

1. 烟花爆竹企业事故风险管理及标准的形成

美国、德国、加拿大、日本等主要的烟花爆竹进口和消费国家，对烟花爆竹的销售使用、运输、储存等建立严格的法规体系。例如，美国消费者安全委员会（Consummer Product Safety Comission，CPSC）所执行的 CRP16. 1507 条例，以及相关的 CRF16. 150. 85、CRF16. 1500. 120 等条例，对烟花的使用、质量做出了严格的规定，美国运输部、消防委员会对烟花运输和使用也有提出了相应的管理要求。加拿大、德国、日本等发达国家均制定了爆炸物管理法，从爆炸物管理的角度重点加强烟花爆竹的质量、运输或贮存的管理。

在标准上，英国标准化机构制定了 BS7114 烟花标准、加拿大制定了消费用、专业用烟花标准，欧盟已实施对礼花、烟花的强制 CE 认证，标准为 EN14035，否则不得进入欧盟市场销售。

世界各地的烟花爆竹经营法律法规大同小异，发达国家的法律法规非常完善，已经建立了相关法律体系，既有总法规定，又有具体政策补充。发达国家烟花爆竹生产经营企业对相关法律的认同程度较高，公民守法自律责任意识普遍很强，自觉守法遵法成为企业和个人的自觉行为。相关企业在落实安全保障措施的同时，在安全经营、安全管理方面落实资金投入，从各个方面不断提升自身的风险辨识能力以及事故应急救援能力。

2. 建立了较完整的监控体系，各项行政监管手段配套

各国的行政监管手段不一，特点突出，集中表现为建立了完善配套的市场准入机制、验证机制和监管机制。在市场准入上，普遍采用型式试验＋资信评价机制，即在产品型式试验基础上确认产品的安全和质量水平，其后审定申报单位的资信资料，确定相关进口商、生产商和产品的准入代码，如美国运输部进口 EX 号、日本的烟花爆竹 SF 号、德国联邦材料研究所的 BAM 号等。

加拿大资源部爆炸品管理局对加拿大国内的烟花爆竹（包括国内自产和进口的）实施认可管理。认可是所有烟花爆竹进入加拿大市场的先决条件。不同货号的产品，必须先由其经营公司向爆炸品管理局提出申请。经过型式试验＋资信评价审查，认为该产品符合其国家标准的安全要求后，ERD（爆炸品法规处）将该产品列入《认可爆炸品一览表》，才能获得向加拿大的出口权。

在验证机制上，各国均采用的是抽查制度，德国联邦材料研究所在市场上不定期地进行抽查，验证产品与型式试验样品的差异性，对存在主观隐瞒，擅自改变配方、结构的行为，取消责任单位的准入资格。加拿大资源部爆炸品管理局对最初出口的产品进行抽样和检测，以检查产品是否符合加拿大标准和申请认证时产品的技术文件，出现特定的问题将会取消认证。

在监控机制上，各国政府均采用了多部门联动和召回制度等方式。如美国消费品安全委员会（CPSC）于 1988 年开始联合海关采取行动，在美国港口检查进口的烟花，任何不符合条例的产品均将货物查封，美国的进口商会被要求修复、销毁或将产品退回产地。目前 CPSC 工作人员仍继续与海关和边界保护组织保持紧密合作，以有效地监管船运进口烟花。

3. 建立了较为科学的信息体系

各国家都十分重视烟花爆竹质量和安全的信息收集，最为突出的是美国。

CPSC 收集了全国的伤害事故记录和死亡证明书，并通过国家电子伤害监视系统（NEISS）收集相关信息，就在国家电子伤害检测系统报道的某些烟花伤害做深入的电话调查。

通过这一系列手段，获得了全国与烟花相关的伤害数据，并对造成伤害的原因、产品类别、受伤者的年龄和性别、受伤害的诊断和受伤害的部位等内容展开系统的分析。这些信息有效地支撑了行政监管的实施。

4. 动态监管体系充分发挥非政府公共组织的作用

各个国家都十分重视发挥非政府公共组织的作用，日本烟花协会制定了烟花的全国标准，并积极采取自律行为，主动建立烟花爆竹检测所，配合政府开展质量保障工作。少数企业的违规做法，一经发现，日本烟花协会不仅报告政府采取措施，协会内也采取自律措施，限制其违规贸易的进一步发展。

美国充分发挥协会的作用，鼓励其在法规的基础上，制定自律的行业标准，美国烟花协会制定了烟花标准 APA87-1，美国烟花标准试验室制定了 AFSL 系列烟花爆竹标准，并自发开展产品进口前的自律控制措施，取得了良好的效果。

二、国内研究现状

从 20 世纪 80 年代开始，我国在风险管理诸多方面逐步由引进风险管理思想转变为自己综合深入研究风险问题。在围绕企业总体经营目标、建立健全全面风险管理体系的同时，安全生产管理也在传统的经验管理、制度管理的基础上，引入并强化了预防为主的风险管理[3,4]。

1. 安全管理体系及企业安全标准化的推行

1999 年 10 月，国家经贸委颁布了《职业健康安全管理体系试行标准》，2001 年 11 月 12 日，国家质量监督检验检疫总局正式颁布了《职业健康安全管理体系规范》，自 2002 年 1 月 1 日起实施，代码为 GB/T 28001—2001，属推荐性国家标准，该标准与 OHSAS 18001 内容基本一致，最新版为《职业健康安全管理体系　要求及使用指南》（GB/T 45001—2020）。截至目前，我国已有数万家组织/企业通过了 GB/T 28001—2001 职业健康安全管理体系认证。该标准要求“组织应建立并保持程序，以便持续进行危险源辨识、风险评价和制定必要控制措施”。

国务院机构改革后，国家安全生产监督管理总局（简称国家安监总局）重申要继续做好建设项目安全预评价、安全验收评价、安全现状综合评价及专项安全评价。2002 年 6 月 29 日颁布了《中华人民共和国安全生产法》，规定生产经营单位的建设项目必须实施“三同时”，同时还规定矿山建设项目和用于生产、储存危险物品的建设项目应进行安全条件论证和安全评价。

2003 年，国家煤矿安全监察局将质量标准化拓展为“安全质量标准化”，在全国所有生产煤矿及技改煤矿（包括重组整合煤矿）大力推动煤矿安全质量标准化建设。2004 年后，工矿、商贸、交通、建筑施工等企业逐步开展安全质量标准化活动。2010 年，《企业安全生产标准化基本规范》发布，对开展安全生产标准化建设的核心思想、基本内容、考评办法等进行规范，成为各行业企业制定安全生产标准化评定标准、实施安全生产标准化建设的基本要求和核心依据，其中“安全风险管控与隐患排查治理”是企业安全生产标准化建设的核心要素之一。

2. 安全风险管理及重大危险源的评估

第一个全面风险管理指导性文件在 2006 年 6 月发布，即国务院国资委发布的《中央企业全面风险管理指引》，我国已进入了风险管理理论研究与应用的新阶段。

风险防控管理虽然是近些年来才运用到安全工程领域的一门科学，但得到了我国相当多企业的认同，并在实践中结合企业实际，形成了企业独有的风险预控管理系统。例如，南方电网有限责任公司早在 2003 年 5 月就开展了现代安全管理体系研究。2005 年组织编制了《电力企业安健环综合风险管理体系指南（PCAP 体系）》，2007 年结合电网企业自身的特点，组织 PCAP 体系进行了改进和修订，形成了南方电网有限责任公司自主知识产权的《安全生产风险管理体系》，并开始组织实施推广。

国家安监总局局长李毅中在 2005 年国际风险管理理事会上的讲话中指出，中国政府正在构建应对自然灾害、事故灾难、公共卫生事件和社会安全事件的公共安全体系，加强可能性风险事件的识别、风险评价、危机预警、风险控制和应急处置。中国安全生产需要风险管理，实现经济、社会、人文和环境的协调、持续发展需要风险管理，风险管理必将在中国、在世界的各个领域得到更广泛的应用。

3. 烟花爆竹安全监管及专项整治的开展

国家安监总局副局长孙华山在 2004 年烟花爆竹安全生产监督管理研讨会上的讲话中指出，我国烟花爆竹行业存在事故伤亡程度居高不下、非法生产经营烟花爆竹活动屡禁不止等问题，主要原因有烟花爆竹安全监管体系不健全，监管力量薄弱，法律法规不完善，依法监管有待加强；原料管理混乱，这些为非法生产经营活动创造了条件；烟花爆竹运输存在问题，执法尺度有待统一和规范；从业人员文化素质和安全意识尚不能满足安全生产工作需要；对禁用氯酸钾的认识不足，氯酸钾禁用制度尚未落到实处等方面。解决问题的总体思路是通过加强法规和监管体系建设，建立健全烟花爆竹安全监管网络体系，理顺烟花爆竹安全监管体制，明确和落实监管职责，依法强化安全监管，实现烟花爆竹安全生产法制秩序：通过体制创新、科技进步和严格市场准入条件，逐步引导烟花爆竹产业走上安全标准化、企业生产规模化、产业集约化发展道路；通过深化专项整治，规范烟花爆竹生产、经营秩序，提高安全管理水平，遏制烟花爆竹重特大事故，实现烟花爆竹安全生产形势稳定好转。

2006 年，孙华山在《烟花爆竹安全管理条例》（简称《条例》）宣传贯彻工作视频会议上的讲话中又指出，要通过贯彻落实《条例》，大力推动烟花爆竹生产经营单位实现“五化”（工厂化、机械化、标准化、科技化、集约化）的步伐，提高企业本质安全度，把烟花爆竹行业逐步做强、做安全[9]。

中国安全生产科学研究院原院长吴宗之在其主编的《重大危险源辨识与控制》一书中指出，根据我国经济体制改革和工业生产状况，在借鉴国外重大危险源控制系统的基础上，必须建立适合我国安全生产管理体制的重大危险源控制系统。具体包括重大危险源的辨识、重大危险源的评价、重大危险源的管理、重大危险源的安全报告、应急计划、企业选址和土地使用政策、重大危险源的监察等部分。重大危险源控制的目的，不仅是预防重大事故发生，而且要做到一旦发生事故，能将事故危害限制到最低程度。

4. 公共安全及危机应急管理体系的兴起

公共问题专家毛寿龙针对 2003 年 12 月 30 日辽宁省铁岭市一家烟花厂发生死亡 38 人的特大爆炸事故，在《我们对生命的估价过低——专访公共问题专家毛寿龙》中指出，我国爆炸事故普遍发生，有与国外不同的民情、缺位较多的法律和受害者、企业家及政府三者地位不对等的制度等三方面的原因。对于危险性很大的行业，最重要的是去识别行业的危险性所在，如何在知识上、技术上减少到最低。另外，一定要让企业员工清楚自己的权利，在公共舆论上让大家充分意识到生命的价值。

中国行政管理学会会长郭济在其主编的《政府应急管理实务》一书中指出，提高政府全面应对突发事件的能力，应当树立现代应急管理理念，从传统的即时反应、被动应对转向综合性的应急管理，从类别管理、部门管理转向全面整合的应急管理，从随机性的、就事论事的应急管理转向依靠健全的应急体系和规范进行应急管理。

公共问题专家薛澜在其主编的《危机管理》一书中指出，现阶段处于危机事件高频发生时期的中国，必须构建开放的、有机合理的、协同运作的危机应急管理体系，以便尽可能地吸纳各种社会资源参与危机管理，扩大危机管理体系的组织，提高资源吸纳能力，实现系统有序化、规范化和可操作化。

战俊红在其主编的《中国公共安全管理概论》一书中指出，面对严峻的公共安全形势，大力开展风险管理研究与广泛实施风险管理成为必需。为了更有效应对和解决中国的公共安全问题，不仅需要开展公共安全风险和风险管理研究，而且也必须以风险社会为背景，在全社会广泛推行这种方法。

鲍勇剑在其主编的《危机管理——当最坏的情况发生时》一书中指出，危机管理在今天的社会里已经不再是一个处理突发事件的临时性管理项目，危机管理已经影响到一个组织的生死存亡，已经上升到战略管理的高度。

5. 安全生产“双重”预防机制的形成

党的十八大以来，党中央、国务院把“安全风险管控与隐患排查治理”作为进一步加强安全生产工作的治本之策。国务院安委会办公室、国家安全生产监督管理总局、各地区、各有关部门和单位以及社会各方面在党中央、国务院的坚强领导下，做了大量工作，事故防范和应急处置能力明显增强，取得的成效也很明显，事故总量大幅度下降，重特大事故明显减少，全国安全生产形势持续稳定好转。单就安全风险管控工作而言，总的看来，自从习近平总书记和党中央、国务院其他领导同志多次强调及《中共中央国务院关于加强安全生产领域发展改革的意见》（中发［2016］32 号），对此提出明确具体要求后，国务院安委会办公室先后下发了《关于印发标本兼治遏制重特大事故工作指南的通知》（安委办［2016］3 号）、《关于实施遏制重特大事故工作指南　构建双重预防机制的意见》（安委办［2016］11 号）、《关于实施遏制重特大事故工作指南　全面加强安全生产源头管控和安全准入工作的指导意见》（安委办［2017］7 号），要求把安全风险管控、职业病防治纳入经济和社会发展规划、区域开发规划，把安全风险管控纳入城乡总体规划，实行重大安全风险“一票否决”。要组织开展安全风险评估和防控风险论证，明确重大危险源清单。要制定科学的安全风险辨识程序和方法，全面开展安全风险辨识。要构建形成点、线、面有机结合、无缝对接的安全风险分级管控和隐患排查治理双重预防性的工作体系。

为了指导地方政府和企业开展双重预防机制建设，原国家安监总局遏制重特大事故工作协调小组编制了《构建风险分级管控和隐患排查治理双重预防机制基本方法》，分别指出了构建企业双重预防机制、构建城市双重预防机制的工作目标与基本要求、风险辨识与评估、风险分级管控的程序和内容等，并列举了相关案例。一些地方、部门和单位尤其是各级安全监管部门、煤矿安全监察机构开始重视并着手进行研究，率先对本地区、单位的安全风险点进行了辨识、认定、分类、评估并分级分挡进行了管控，收到了良好效果，且创造出一些先进的管理思想、理念、方法和经验。

2010 年，为全面掌握北京市危化企业的基本情况，易高翔开展了危险化学品企业安全生产风险评估分级研究，借鉴国外经验和国内有关科研成果。提出了固有风险和动态风险相结合的危化品安全生产风险评估办法。固有风险为企业的基本风险水平，主要由危险化学品物质量、工艺水平、安全监控和周边环境决定，为共性指标；动态风险，反映企业安全生产管理绩效的水平，主要包括安全基础管理和现场管理，为个性指标，不同企业类型，评估动态风险指标有差异。从大量数据中抽取了最能反映企业安全生产状态的指标因素，通过专家组打分法和层次分析法确定评价因素的权重。

2018 年，应急管理部印发《危险化学品生产储存企业安全风险评估诊断分级指南（试行）》，对九个项目（1. 固有危险性；2. 周边环境；3. 设计与评估；4. 设备；5. 自控与安全设施；6. 人员资质；7. 安全管理制度；8. 应急管理；9. 安全管理绩效）规定了分值，根据评估内容进行扣分，每个项目分值扣完为止，最低为 0 分。安全风险从高到低依次对应为红色、橙色、黄色、蓝色。总分在 90 分以上（含 90 分）的为蓝色；75 分（含 75 分）至 90 分的为黄色；60 分（含 60 分）至 75 分的为橙色；60 分以下的为红色。

2018 年，李德钊在《烟花爆竹零售点事故风险分析与安全对策》[8] 一文中，针对近年来发生在烟花爆竹零售经营环节的事故案例，全面剖析烟花爆竹在零售经营过程中的危险有害因素，针对性地提出安全技术对策措施，有利于全面提升烟花爆竹零售点的安全水平。

2020 年，李娟、刘玲、石帛立、龙敏和谭程鹏等结合烟花爆竹零售场所安全事故发生的原因，应用事故树风险分析方法，对烟花爆竹零售经营安全风险进行定量分析，并依据分析结果提出预防事故的措施[9]。

2020年，乔鹏围绕安全生产监管部门业务需求，建设危险化学品、烟花爆竹等企业安全生产风险监测预警系统。以企业危险源及高风险场所为重点，积极推进信息化技术在安全监管领域的技术应用，提高政府的安全生产监管水平和预测预警能力[10]。

综上所述，发达国家在安全经营研究领域起步较早，法律法规已经非常完善，企业能够自觉探索研究如何提升安全保障的方法、措施以及技术，对安全管理、药物环保等方面要求已超过法律和政府的要求，走在政府之前，并推动政府接受其先进理念，再上升为法律或规范，不断推进行业产业向前发展。

从国外研究现状来看，发达国家作为烟花爆竹产品的消费国，对于这种特殊产品的安全性，无论是政府组织，还是相关机构都给予了高度的重视，并从法律、政策和管理手段方面提出了相应的措施和对策，这些对于我国政府开展烟花爆竹行业的安全管理工作，将提供有价值的参考与借鉴。

与发达国家相比，我国在烟花爆竹领域的研究相对起步较晚，作为一个比较小的行业，对这块的研究并不是很多，所取得的一些理论成果也主要集中在烟花爆竹生产企业内部，从政府监管的角度研究烟花爆竹生产经营过程中安全风险管控的方法与模式更是寥寥无几，这些为本项目的研究工作提供了探索的空间。

第四节 烟花爆竹风险防控未来展望

未来要进一步推动“五高”风险辨识和管控的智能化，以“全国安全生产三年行动计划”“安全生产＋互联网三年计划”等文件精神为指引，针对烟花爆竹行业企业特征，使“五高”风险辨识和管控技术落地：

（1）形成烟花爆竹行业重大风险辨识评估技术标准。

（2）开展烟花爆竹行业“五高”风险场景智慧识别研发，实现风险因子的识别与预警并将其纳入“五高”风险辨识评估模型中，提高风险管控效率。

（3）在露天矿山、地下矿山、金属冶炼、危险化学品、烟花爆竹以及其他冶金等工贸行业的重点领域开展“五高”风险辨识、评估、分级管控技术的推广应用。

参考文献

[1] 姜旭初，姜威．金属非金属矿山风险管控技术[M]．北京：冶金工业出版社，2020.

[2] 姜威．城市危险化学品事故应急管理[D]．武汉：中南财经政法大学，2009.

[3] 李刚．烟花爆竹经营行业风险预警与管控研究[D]．武汉：中南财经政法大学，2019.

[4] 马洪舟．烟花爆竹生产企业爆炸事故风险评估及控制研究[D]．武汉：中南财经政法大学，2020.

[5] 李刚．烟花爆竹经营企业风险预警．建筑工程技术与设计[M]．长沙：湖南科学技术出版社，2019.

[6] 中华全国总工会劳动保护部．烟花爆竹行业安全生产知识[M]．北京：中国工人出版社，2011.

[7] 黎勇，宁湘钢．我国烟花爆竹行业的消防安全现状及对策研究[A]．节能环保和谐——2007 中国科协年会论文集（四）(C)．2007：586—592.

[8] 李德钊．烟花爆竹零售点事故风险分析与安全对策[J]．花炮科技与市场．2018(4)：32-33.

[9] 李娟，刘玲，石帛立，等．基于 FTA 的烟花爆竹零售安全风险分析[J]．湖南安全与防灾．2020(11)：46-47.

[10] 乔鹏．浅谈安全生产风险监测预警系统的建设[J]．山西电子技术．2020(4)：71-73＋79.

第二章 典型烟花爆竹事故案例及分析

任何事故的发生都是有原因的，除了险肇事故外，事故一般都会造成人们不希望看到的后果，亦即人员伤亡、财产损失和环境破坏。实践证明，安全生产是最节约的生产，事故是最大的浪费。烟花爆竹行业同样如此，只有充分弄清烟花爆竹行业事故发生的根本原因，提前采取科学有效的应对措施，所有的烟花爆竹事故都是可以预控的。

为从根本上预防和遏制烟花爆竹重特大事故，适时地学习、分析烟花爆竹企业的各类事故发生的原因，运用先进方法研究探索事故发生规律，为《基于遏制重特大事故的企业重大风险辨识评估技术与管控体系研究》提供支撑，可有助于风险预控、关口前移，全面推行安全风险“双重预防控制”机制，以达到“把风险控制在隐患形成之前、把隐患消灭在事故前面”的目的。

第一节　烟花爆竹事故案例来源

收集的烟花爆竹事故案例主要来源有三个：一是应急管理部网站（包括90个烟花爆竹事故案例）；二是人民网，1985—2005年，全国各地累计发生烟花爆竹安全事故案例；三是从2006—2017年全国发生的烟花爆竹生产安全事故案例。

从这些事故案例可以看出三个方面：一是事故总起数和死亡总人数双下降；二是较大事故死亡人数连续下降；三是自安全监管部门2004年接管烟花爆竹以来，2017年首次实现烟花爆竹重大以上事故为零。

第二节　烟花爆竹事故案例统计分析

一、 1985—2005年烟花爆竹事故分析[1-3]

据人民网，自1985年到2005年11月，全国各地累计发生烟花爆竹生产事故 8532 起。

1. 事故频发的主要原因

归纳起来，全国烟花爆竹生产事故频发的主要原因有：

① 非法生产现象严重；

② 生产企业不具备基本的安全条件；

③ 安全管理制度不健全，管理混乱；

④ 安全宣传教育不到位，从业人员素质差；

⑤ 烟火药配方中使用禁、限用原料；

⑥ 药物超量，人员超限和擅自改变工房用途；

⑦ 质量安全保障能力不足；

⑧ 违规操作；

⑨ 基层安全监管力量薄弱。

2. 事故类别分析

从烟花爆竹生产企业发生的事故类别来看，主要是燃烧爆炸事故。究其原因，燃烧和爆炸都必须在一定的条件下才能形成，必须具有热能、光能、机械能、电能、化学能和其他能才能形成。根据这一原理，烟花爆竹生产企业事故的原因大致可以分为以下几类：

(1) 自燃自爆事故　这类事故是一种不需外因作用的化学反应，其原因如下：

① 原材料问题。原材料纯度不够、含杂质高，或材料超过保质期等。

② 原材料或药物受潮湿等。

③ 配伍不当或辅助材料（如米汤、糨糊等）变质等。

④ 烟火药散热不彻底、干燥不彻底等。

(2) 机械能作用事故　机械能作用事故是一种物理反应，是外力（机械能）作用产生的结果，其原因如下：

① 违反操作方法。操作时摩擦、撞击、拖拉、用力过猛；不使用专用的工具等。

② 干燥方法不当。干燥（日晒、烘房）时超过规定的温度、倒架、使用明火烘烤、药架离热源太近等。

③ 处理销毁废品方法不当。

④ 机械设计、制造缺陷或机械发生故障引发事故。

(3) 自然灾害事故　自然灾害事故指由山火、山洪、地震、雷击等难以抗拒的自然因素所导致的事故。

(4) 其他事故　这类事故是由静电积累、火源、电源、小动物啃咬等引发的，既与自燃自爆事故和机械能作用类事故有相似之处，又有别于它们。

二、 2006—2017 年烟花爆竹事故分析

1. 事故总体情况分析[4-6]

我国烟花爆竹事故不论是总的事故起数，还是较大及以上级别的事故起数，总体上均呈下降趋势。

如图 2-1 所示，2015 年发生事故约 50 起，仅为 2006 年的三分之一；与之相关联的死亡人数也在逐年减少，2006 年事故造成的死亡人数接近 300 人，而到 2016 年、2017 年已经控制在 100 人以内。实践证明，国家近些年对于烟花爆竹产业严格的安全监管取得了实质性效果。

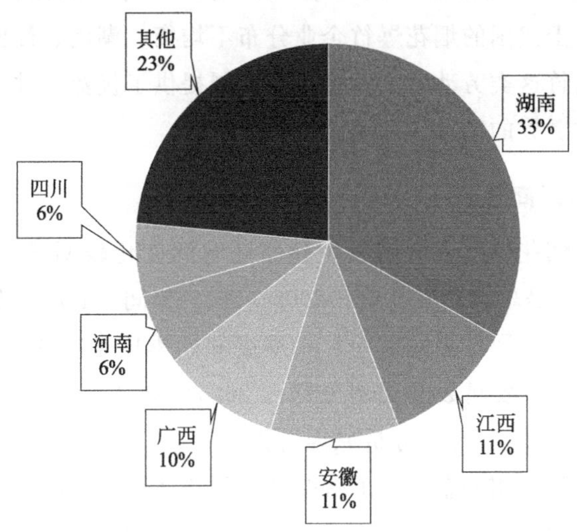

图 2-1　2006—2015 年我国烟花爆竹事故总体情况

2. 事故发生地域分析

统计结果显示，2006—2017 年间，全国共有 24 个省（区、市）发生烟花爆竹事故，其中湖南是我国烟花爆竹事故最频发的省份，共发生事故 276 起，

占全国的事故比例高达33%，其余事故多发省份依次为江西、安徽、广西、河南、四川，如图2-2所示。

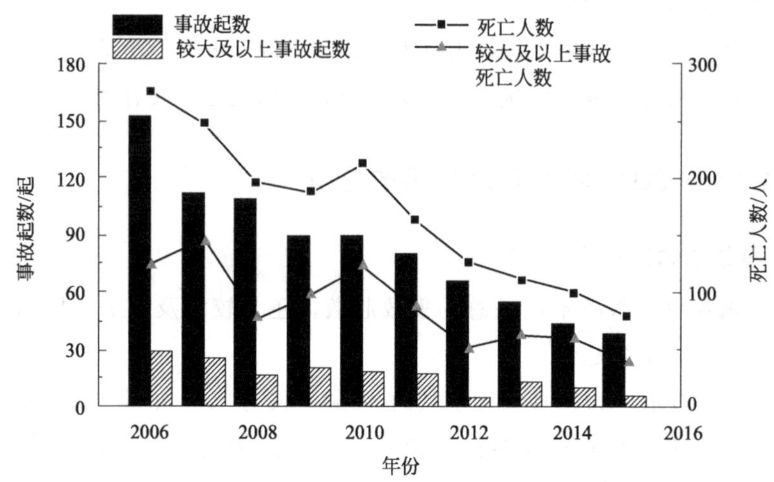

图2-2 2006—2017年各地事故起数所占比例

仅湖南、江西、安徽和广西4省（自治区）的事故比例之和就超过了60%，其原因在于我国的烟花爆竹企业分布不均衡，湖南、江西等地相对地少人多，给烟花爆竹这类劳动密集型企业的发展提供了优势条件，同时这些地区也成为烟花爆竹事故的重点治理地区。

3. 事故发生时间分析

统计表明，烟花爆竹事故的发生频率随时间变化较明显。如图2-3所示，1、10、11、12月是事故频发月份；2006—2017年间，1月份发生事故累计超过100起，是事故起数最多的月份；一季度和四季度是事故相对频发的季度，如图2-4所示，其事故起数的比例分别占26.4%和35.9%，所造成的死亡人数比例分别占25%和36%。分析原因可知，一、四季度临近春节，是烟花爆竹生产销售的旺季，相关企业为了获取最大利益而加紧生产，极易忽视安全工作，导致事故多发。

4. 事故类型及等级分析

本次事故案例分析针对的是我国2006—2017年的12年间发生的867起烟花爆竹事故案例（不包括危险化学品事故案例和民爆事故案例），其中生产事故501起（包含非法生产22起），占57.8%；经营事故117起，占13.4%；

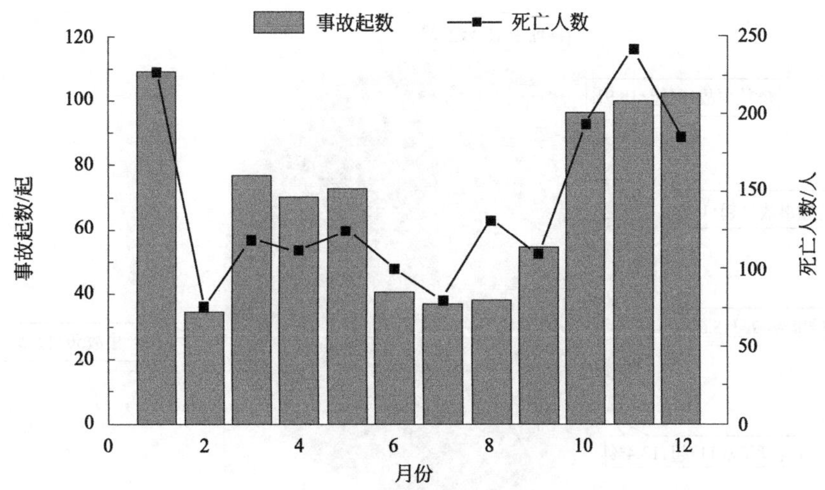

图 2-3　2006—2017 年各月份事故情况

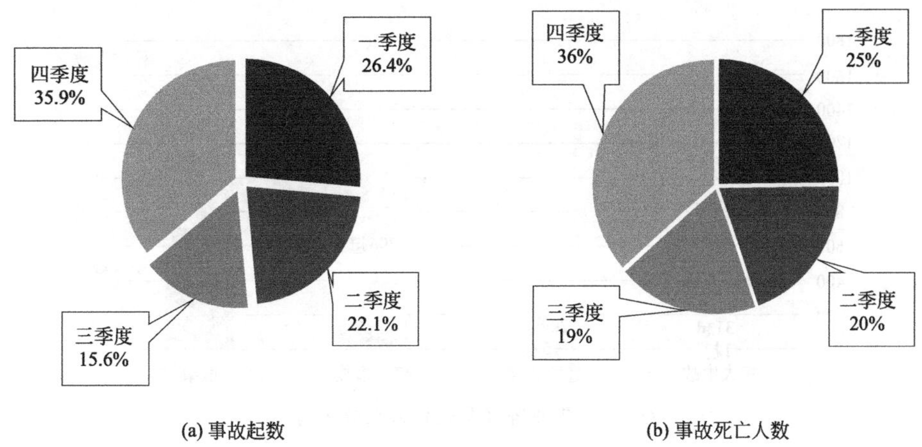

(a) 事故起数　　(b) 事故死亡人数

图 2-4　2006—2017 年各季度事故起数和死亡人数所占比例

仓库储存 49 起，占 5.6%；运输事故 11 起，占 1.2%；燃放事故 164 起，占 18.9%；其他事故 25 起，占 3.0%。详见图 2-5。

在这 867 起烟花爆竹事故中，共造成 1779 人死亡。其中：一般事故 688 起，死亡 743 人；较大事故 163 起，死亡 796 人；重大事故 15 起，死亡 209 人；特别重大事故 1 起，死亡 31 人。见图 2-6。

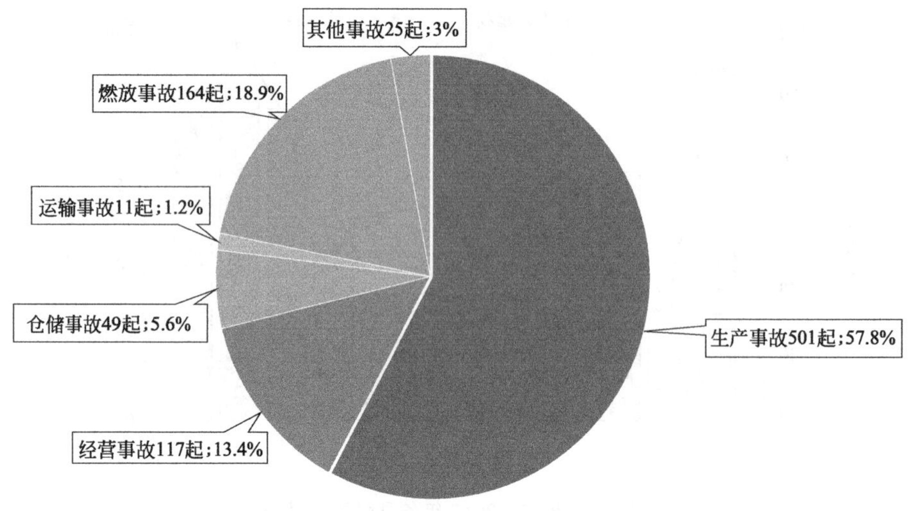

图 2-5 事故类型分布情况

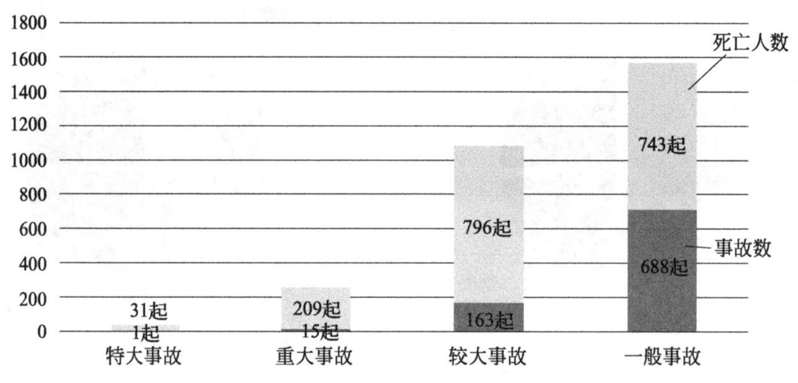

图 2-6 事故等级及死亡人数分布情况

5. 事故分析结论及建议

（1）结论 2006—2017 年间全国共发生烟花爆竹事故 867 起，死亡 1779 人，事故起数和死亡人数总体呈逐年下降趋势；湖南、江西、安徽、广西等地为事故多发省份，4 省事故起数之和占全国的比例超过 60%；每年的 1、10、11、12 月是事故频发月份，一、四季度是事故频发季度。

（2）建议

① 加快推进烟花爆竹产业整体转型升级，将原有的家庭式小作坊、乡村式小工厂提升为集约化和自动化程度高的大工厂、大企业，改进生产工艺流

程，提高生产过程中的安全系数。

② 继续强化安全监管，打击非法生产烟花爆竹的黑作坊，但要注重方式方法，烟花爆竹产业是不少群众赖以谋生的手段，监管执法的过程应更加人性化，注重引导，不能简单粗暴地取缔。

③ 湖南、江西、安徽、广西等地烟花爆竹产业发达，事故发生率也高，地方政府需提高重视程度，当地相关部门也要加大熟悉力度，有针对性地制定相关预案措施，防患于未然。

④ 运用“互联网+风险监控”，对烟花爆竹企业中的高风险设备、工艺、物品、场所和作业以及重大风险隐患实行风险监测预防控制，有效遏制重特大事故的发生。

第三节 典型事故案例分析

烟花爆竹是以烟火药为原料制作而成的我国历史悠久的传统工艺品，生产过程从原料到产品，从产品的生产、储存到运输，最后到销售各个环节稍有不慎，便会引起燃烧和爆炸，造成重大的人员伤亡和财产损失[7,8]。

一、合法生产企业典型烟花爆竹事故案例分析

1. 黑龙江省伊春市华利实业有限公司“8·16”特别重大事故

2010年8月16日上午9时47分，华利实业有限公司振兴烟花厂在违法组织生产时发生爆炸，引起部分厂（库）房连续爆炸，附近2公里范围内建筑物玻璃被震碎，5公里范围内有震感。事故还引发相邻的木材厂发生火灾。

伊春市委市政府通报，经初步调查分析，振兴烟花厂在上级责令其停产的情况下，违法启动生产，超范围组织生产，而且厂区库区管理十分混乱，这些是造成这起爆炸事故的主要原因。

同时，伊春市乌马河区政府主管领导、主管部门和主管人员对高危企业监管不力，也是造成这起爆炸事故的一个原因，对这起爆炸事故的发生负有不可

推卸的责任。

2. 陕西省蒲城县新平花炮制造有限责任公司“1·1”事故

2010 年 1 月 1 日，陕西省蒲城县新平花炮制造有限责任公司在生产双响炮过程中发生爆炸事故，造成 9 人死亡、8 人受伤。

暴露的主要问题：

① 违法分包、转包；

② 危险工序作业人员未经培训上岗；

③ 厂区布局不合理；

④ 有令不行。

违法分包、转包造成生产管理混乱的表现：

① 生产线转包给河北、四川及当地的 3 个承包人分别组织生产，导致生产秩序混乱；

② 工房不够，在生产区内随意搭建塑料工棚进行插引包装作业，插引工房内进行装药作业，半成品库改为作业工房，由此造成严重超员超量（中转库核定 50kg、实际达 400kg)；

③ 在危险品生产区内使用农用三轮机动车，在危险生产区建职工宿舍；

④ 1.1^{-1} 级和 1.3 级（参见 GB 50161）混建；

⑤ 防护屏障不合格；

⑥ 2009 年 12 月 20 日违规被查封责令停产整顿，2 天后擅自恢复生产。

3. 湖南省宁远县莲花喜炮厂“3·2”事故

2011 年 3 月 2 日凌晨 6 时，湖南永州市宁远县莲花喜炮厂爆竹药物生产线（称、混、装药及药饼中转）发生爆炸，造成 4 人死亡，1 人受伤，两条药物生产线建筑物全部被摧毁。事故现场如图 2-7 所示。

事故主要原因：

① 称药、混药、装药在同一工房作业；

② 搬运工交叉作业；

③ 严重超药量：其中，25 号装药 47kg；28 号装药 15kg；29 号装药 82kg。

4. 河南省漯河市豫田花炮厂“1·19”重大烟花爆竹爆炸事故

2011 年 1 月 19 日 16 时 50 分，漯河市郾城区豫田花炮厂生产双响过程中，

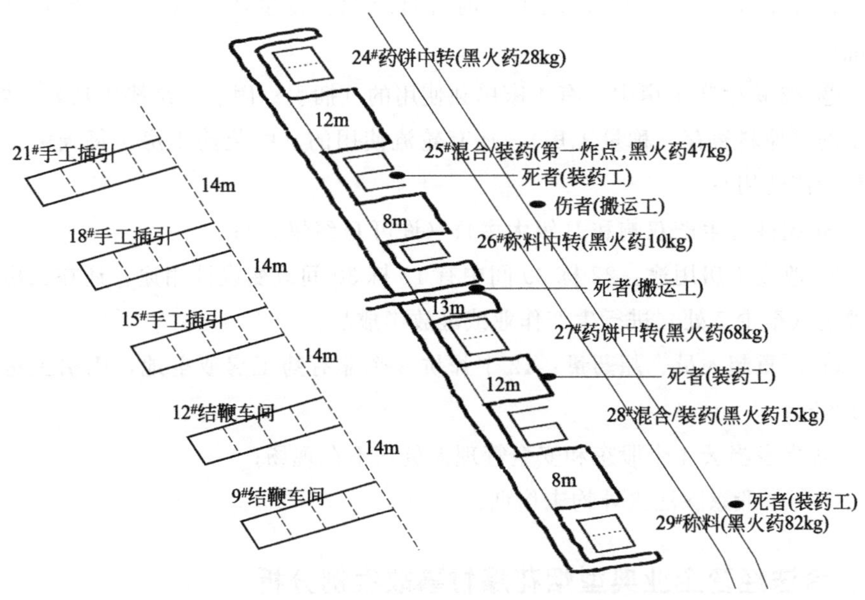

图 2-7 湖南省莲花喜炮厂“3・2”事故现场草图

进行封口作业冲压纸片时引发爆炸。事故造成 10 人死亡、21 人受伤，直接经济损失 334.6 万元。

生产区内 11 栋建筑（21 间工房）被摧毁，其他 11 栋建筑受到不同程度破坏，北围墙有 10 余米被炸开，建筑杂物抛达 70～80m 远，南围墙有 8m 多长被摧毁，半成品冲散达百米之远，东围墙在称量房附近有 4m 被炸成豁口，见图 2-8。

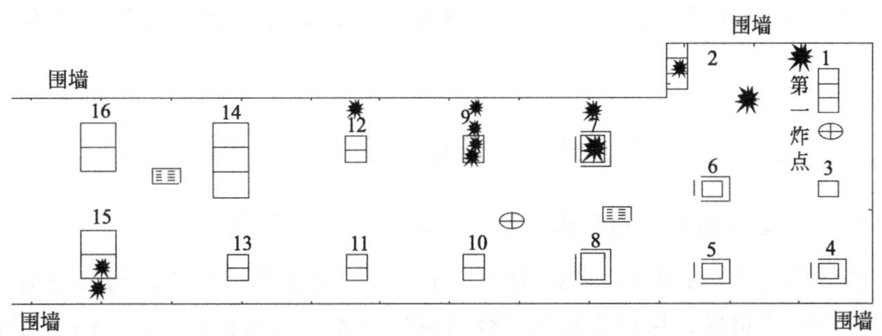

图 2-8 河南漯河“1・19”事故现场炸坑分布示意图

主要原因：

① 4 个股东在一条生产线上同时各自组织安排生产经营活动，导致管理混乱；

② 22 栋生产工房中，有 4 家单独使用的（插引、固引、结鞭工房），共同使用的（原料暂存、称量工房），还有轮流使用的（配装药工房，每天由 2 个股东轮流使用）；

③ 超许可生产双响和 B 级大爆竹（许可 C 级爆竹）；

④ 改变工房用途：22 栋 39 间中有 12 栋 30 间改变设计用途，还在工房外空地上（至少 7 处）进行生产作业或堆放半成品；

⑤ 严重超人员、超药量：12 个炸坑 8 个非有药工房或空地，固引工房药量 130kg；

⑥ 事发当天 4 个股东和安全管理人员均不在现场；

⑦ 4 个股东除法人外均未培训。

二、合法经营企业典型烟花爆竹事故案例分析

1. 河南伊川杜伟烟花爆竹有限公司“4·12”事故

2010 年 4 月 12 日，河南省伊川县社伟烟花爆竹有限公司发生爆炸事故，造成 4 人死亡。

暴露的主要问题：

① 擅自建设基础设施：在库区搭建 6 间简易储存棚；

② 违规动火作业：作业期间，企业主要负责人、专职安全管理人员、仓库守护员和仓库保管员均不在现场；

③ 超许可范围储存：简易棚中存放引线、亮珠、烟花爆竹半成品和原材料。

三、非法生产经营企业典型烟花爆竹事故案例分析

1. 广东省茂名市电白县水东镇蓝田坡村“9·13”事故

2010 年 9 月 13 日 15 时 30 分，广东省电白县水东镇蓝田坡村麻行岭果园内一处废弃养猪场，村民非法生产爆竹发生爆炸，造成 8 人死亡、10 人受伤。

2. 湖南省永州市蓝山县新圩镇非法生产作坊“6·10”事故

2010 年 6 月 10 日，湖南省蓝山县新圩镇涵江村枞山背小组廖昌庆开办的

非法爆竹厂内，因插引“工房”内作业的村民争抢大直径爆竹，导致爆竹落地引发爆炸，事故共造成4人死亡。

3. 山东省滨州市阳信县商店镇“12·11”事故

2010年12月11日16时50分，山东省阳信县商店镇一栋商住两用居民小楼中非法存放烟花爆竹等爆炸物品发生爆炸，导致楼房倒塌，该楼一层公共浴室内的洗浴人员共8人死亡、6人受伤。

非法生产经营事故暴露的问题：

① 非法生产经营活动隐蔽性强；

② 氯酸钾等仍未得到有效控制；

③ 群众安全意识弱；

④ 区域性退出的相关配套措施不到位；

⑤ 联合执法体制机制不完善。

四、综合分析典型烟花爆竹事故案例

从烟花爆竹生产经营企业、职工和政府监管部门履行安全生产法律责任的角度，对典型烟花爆竹事故产生的主要原因综合分析如下：

1. 不严格遵守国家有关安全技术规程和安全规范

这些年，国家颁布了许多对烟花爆竹行业整治的规章制度，例如：《中华人民共和国安全生产法》《烟花爆竹安全管理条例》等等，但是依然有许多企业不遵守国家的相关规范，达不到烟花爆竹的生产标准。产房安全间隔没有按照“五分开”[1]，超量储存，人为地改变了厂房的用途，安全通道不通畅，没有消防意识，也没有必要的消防设施，甚至存在了很多安全隐患也不进行整改等等。

2. 不重视安全培训，安全意识淡薄

很多烟花爆竹企业的法人代表由于受物欲的驱使、利润的诱惑，没有高度的政治责任感，他们认为烟花爆竹的工艺十分简单，便大搞烟花爆竹的生产。

---

[1] 五分开是生产区与生活区分开；有药工序与无药工序分开；装药与组装车间分开；制药与带药工序分开；危险仓库与生产区分开。

企业工人普遍没有经过技术和安全知识的培训，安全意识淡薄。违反操作规程、工作不严格或不认真、违反劳动纪律、不使用安全工具和设备、技术不熟练而强行操作等行为在烟花爆竹企业经常发生。而正是这些现象引发了事故。

3. 产品质量不能得到保障

如果烟花爆竹安全质量没有保证措施，可想而知必然会导致燃烧爆炸事故的频繁发生。但是就是这么一个简单的事情，还是有人去穿越这一层防火线。我国目前生产烟花爆竹的大多数企业都没有严格规范的质量控制体系和产品检验程序，甚至一些企业为了获取更大的利益，在没有任何保障的前提下，不惜去生产大剂量的烟花爆竹。

4. 企业制度不规范

有的企业本身就缺乏安全知识，导致企业安全生产规章制度不规范、不健全；有的企业多年不修订规章制度，与现行的安全法规、规定和标准不相符合；还有的企业虽然有制度，但是有章不循，成为一种摆设，使安全生产管理工作处于混乱状态。目前企业内部主要的问题有：库房的核定限存药量超量；部分企业仓库内混放产品；产品码放未严格执行国家标准；仓库内没有设置温湿度测量仪等。

5. 燃放人员缺乏安全意识

其实，烟花爆竹的燃放也非常危险，并不只是明火点燃一下引线就可以了。随便在哪个地摊上买了烟花爆竹，不辨真伪，假如是劣质品，燃放就危险了；在燃放时，不懂正确的操作方法，不分地点和场合乱扔乱放会酿成了不少惨剧。

6. 监督执法力度不够

众所周知，鞭炮的生产工艺十分简单，技术条件也要求不高，所以很多个体都可以进行操作，出现了很多非法生产的小作坊。此外，农村或交通不便的山区是烟花爆竹非法生产的主要地区。从当前的监管力度来看，安全检查的深度、广度、力度不够，不能及时发现安全隐患。特别是在打击非法生产经营行为工作中，地方部门之间不能很好地合作，甚至出现一方部门工作不积极、不主动等问题。

参考文献

[1] 姜威．城市危险化学品事故应急管理[D]．武汉:中南财经政法大学,2009.

[2] 马洪舟．烟花爆竹生产企业爆炸事故风险评估及控制研究[D]．武汉:中南财经政法大学,2020.

[3] 李刚．烟花爆竹经营行业风险预警与管控研究[D]．武汉:中南财经政法大学,2019.

[4] 白春光．烟花爆竹安全管理[M]．北京：化学工业出版社，2015.

[5] 李刚．烟花爆竹经营企业风险预警．建筑工程技术与设计[M]．长沙:湖南科学技术出版社,2019.

[6] 刘婵,廖婵娟,苏龙．2010—2015 年我国烟花爆竹事故统计及防控对策[J]．中国公共安全(学术版)，2016 (3)：54—58.

[7] 中国农村致富技术函授大学等．烟花爆竹安全生产知识普及读本[M]．北京：科学普及出版社,2009.

[8] 国家安全生产监督管理总局宣传教育中心．烟花爆竹经营单位主要负责人和安全管理人员培训教材[M]．北京：冶金工业出版社，2010.

第三章 基于遏制重特大事故的“五高”风险管控理论

第一节 概念提出

一、烟花爆竹生产事故风险点分析

近年来，烟花爆竹生产安全事故暴露出一些企业安全责任履行不到位、规章制度不健全、生产工艺水平低、监管检查有漏洞、专项整治不深入等问题。这些问题导致烟花爆竹企业在生产经营旺季时，由于生产活跃、购销频繁、库存增加，增加了风险，引发一起起血淋淋的事故，给人民的生命财产造成巨大损失[1,5,6]。

从2006—2017年间，烟花爆竹事故主要有物体打击、车辆伤害、火灾、起重伤害、触电、灼烫、火药爆炸、中毒和窒息、其他爆炸9类。其中火灾、火药爆炸事故占整合事故96.2%，是烟花爆竹企业的主要事故类型。

为了分析引发事故的关键风险因子，我们从上述烟花爆竹事故案例中再遴选出具有代表性的14家生产企业事故和8家经营企业事故，通过科学分类与归整，分析并提取引发事物的直接风险因子。详见表3-1所示。

表3-1 典型烟花爆竹事故案例风险点分析表

序号	企业类型	案例名称	事故后果	事故原因	引发事故直接风险因子
1	生产企业	黑龙江省伊春市华利实业有限公司“8·16”特别重大事故	30人死亡、3人失踪、关联死亡3人	违法启动生产，超范围组织生产，且厂区库区管理十分混乱；当地政府主管领导、主管部门和主管人员对高危企业监管不力	危险作业 危险场所 危险物品
2	生产企业	河北省宁晋县“7·12”非法生产烟花爆竹重大爆炸事故	造成22人死亡、23人受伤，直接经济损失885万元	非法生产作业过程中因摩擦、撞击导致爆炸；监督检查流于形式，社会治安综合治理不力，未发现本村存在的非法生产经营烟花爆竹、非法经营易制爆危险化学品问题，存在失职行为，致使非法行为未得到及时处理	危险工艺 危险作业

续表

序号	企业类型	案例名称	事故后果	事故原因	引发事故直接风险因子
3	生产企业	湖南省浏阳市碧溪烟花制造有限公司“12·4”重大事故	造成13人死亡、17人受伤，5栋工房全部损毁，直接经济损失1944.6万元	13号工房作业人员将一个装有“彩雷”药饼的实底塑料筐搬出工房时，因药饼与筐内残留药物摩擦起火，引燃药饼引火线和尾药后，引爆筐内“彩雷”药饼和周边药饼	危险工艺 危险作业 危险场所 危险物品
4	生产企业	河南开封市通许“1·14”重大烟花爆竹爆炸事故	造成10人死亡、7人受伤，直接经济损失941万元	装药工在装药棚进行双响炮装发射药过程中，由于静电积聚并瞬间释放引发爆炸；落实“打非”工作不力，政府及其相关部门履行监管职责不到位等	危险工艺 危险作业 危险场所 危险物品
5	生产企业	河南省漯河市豫田花炮厂“1·19”重大烟花爆竹爆炸事故	事故造成10人死亡、21人受伤，直接经济损失334.6万元	4个股东同时在同一条生产线上各自组织生产，导致管理混乱；22栋生产工房有四家单独使用插引、固引、结鞭工房，共同使用原料暂存、称量工房，还有轮流使用的配装药工房；超许可范围生产；改变工房用途；严重超人员、超药量；事发时4个股东和安全员均不在现场；4个股东除法人外均未培训	危险工艺 危险作业 作业场所 危险物品
6	生产企业	陕西省蒲城县新平花炮制造有限责任公司“1·1”事故	造成9人死亡、8人受伤	生产线转包，3个承包人分别组织生产，导致生产秩序混乱；工房面积不足，随意搭建塑料工棚进行插引包装作业、插引工房内进行装药作业，半成品库改为作业工房，由此造成严重超员超量；生产区使用农用三轮机动车；在危险生产区建职工宿舍；1.1和1.3级混建；防护屏障不合格；违规被查封自行恢复生产等	危险设备 危险工艺 危险作业 危险场所 危险物品
7	生产企业	湖南省宁远县莲花喜炮厂“3·2”事故	造成4人死亡，1人受伤，两条药物生产线建筑物全部被摧毁	称药、混药、装药在同一工房作业；搬运工交叉作业；严重超药量：其中，25号装药47kg；28号装药15kg；29号装药82kg	危险工艺 危险作业 作业场所 危险物品
8	生产企业	湖南省永州市蓝山县新圩镇非法生产作坊“6·10”事故	共造成4人死亡	插引“工房”内作业的村民争抢大口径爆竹，导致爆竹落地引发爆炸	危险作业 危险场所 危险物品

续表

序号	企业类型	案例名称	事故后果	事故原因	引发事故直接风险因子
9	生产企业	四川省仪陇县鑫和引线有限公司“3·19”较大事故	造成4人死亡，直接经济损失510余万元	搬运工李某驾驶电瓶车违规进入正在进行包装作业的工房门口，倒车操作不当，致使电瓶车尾部下方的牙包与工房外的引线产品发生摩擦，导致引线发生燃爆；爆炸波导致临近工房的引火线殉爆，形成第二次燃爆	危险设备 危险工艺 危险作业 危险场所 危险物品
10	生产企业	江西省宏利化工科技有限公司“5·23”较大事故	造成3人死亡，直接经济损失469.4万元	事发当时地表温度高，收取的单基火药粉处于干燥状态，作业人员在收取单基火药粉时，违规作业，致使单基火药粉与地面摩擦、撞击引发燃爆，导致事故发生	危险工艺 危险作业 危险物品
11	生产企业	湖南浏阳市联丰鞭炮烟花厂“9·28”事故	造成2人死亡，1人受伤	周某组织不具备专业资质和安全技能的村民，在未认真检查机械内是否残留药物、未采取可靠的安全防范措施的情况下，使用木制板车转运，向运输货车车厢移装；混药机内残余药物散落在货车车厢底板上，混药机部件及车厢底板摩擦起火，继而引起混药机内残余药物爆炸	危险设备 危险工艺 危险作业 危险物品
12	生产企业	四川省广汉市金雁花炮有限责任公司“7·8”事故	造成1人死亡，工房及其区域内的机械设备全部损毁	化工原材料库区工具房内存放的硝化棉自燃起火，导致相邻木炭粉库房内起火，引起毗邻库房储存的240件插线引火线发生爆炸，随后引起90m外无药辅料库房内储存的130件棉纱引火线发生殉爆	危险场所 危险物品
13	生产企业	湖南省浏阳市社港吉利鞭炮厂“4·8”事故	造成1人死亡，直接经济损失135.5万元	作业人员搬运已封口药饼过程中，静电引燃散落在已封口药饼表面的浮药，由于事发工房未设置安全出口，且现场药饼堆码堵塞安全通道，作业人员无法逃出窒息死亡	危险工艺 危险作业 危险场所 危险物品
14	经营企业	山东省滨州市阳信县商店镇“12·11”事故	8人死亡、6人受伤	非法生产经营活动隐蔽性强；氯酸钾等仍未得到有效控制；群众安全意识弱；区域性退出的相关配套措施不到位；联合执法体制机制尚不完善	危险作业 危险场所 危险物品

续表

序号	企业类型	案例名称	事故后果	事故原因	引发事故直接风险因子
15	生产企业	广东省茂名市电白县水东镇蓝田坡村“9·13”事故	造成8人死亡，6人重伤，4人轻伤的安全事故	鞭炮作坊无牌无照经营；氯酸钾等仍未得到有效控制；安全意识弱；区域性退出的相关配套措施不到位；联合执法体制机制尚不完善	危险作业 危险场所 危险物品
16	经营企业	湖南省永州市蓝山县新圩镇非法生产作坊“6·10”事故	造成4人死亡	非法插引作坊；氯酸钾等仍未得到有效控制；安全意识弱；区域性退出的相关配套措施不到位；联合执法体制机制尚不完善	危险作业 危险场所 危险物品
17	经营企业	岳阳市中南大市场“1·24”较大烟花爆竹火灾事故	事故造成6人死亡，直接经济损失766.6万元	临时聘用未经培训的燃放人员试放烟花时倒筒，燃烧的效果件冲射引燃门面外堆垛的烟花引发事故；属地监管和综合监管“打非”不力	危险作业 危险场所 危险物品
18	经营企业	广西壮族自治区柳州融安县大良镇“2·5”较大事故	事故造成5人死亡，直接经济损失约496万元	张某在人员居住密集场所销售、储存烟花爆竹，将烟花爆竹堆放于店铺外，在烟花爆竹堆垛附近燃放，火星飞溅未及时扑灭，阴燃堆垛上覆盖的易燃物，引起燃烧引发火灾	危险作业 危险场所 危险物品
19	经营企业	通海县顺丰烟花爆竹门市“2·15”较大燃爆事故	事故造成4人死亡，5人受伤直接经济损失650万元	黄肖在燃放组合烟花时发生炸筒、散筒，发射升空的效果件飞行轨迹发生改变，落入门市部内发生燃烧爆炸；监管措施不力、执法不严	危险作业 危险场所 危险物品
20	经营企业	河南伊川杜伟烟花爆竹有限公司“4·12”事故	造成4人死亡	擅自在库区搭建6间简易储存棚；违规动火作业：作业期间，企业主要负责人、专职安全管理人员、仓库守护员和仓库保管员均不在现场；超许可范围储存：简易棚中存放引线、亮珠、烟花爆竹半成品和原材料	危险作业 危险场所 危险物品
21	经营企业	重庆市荣昌区盘龙镇张光先烟花爆竹零售店“1·25”事故	造成2人死亡，过火面积近130m^2，直接经济损失2.96万元	底层烟花爆竹门市部与楼梯之间的门洞周边区域因遗留火种引燃近处纸、蜡制品着火，造成室内各处堆放的大量纸、蜡制品逐次燃烧蔓延，形成室内大火，先后导致存放在楼梯间、二楼杂物间、三楼唐某房间和烟花爆竹门市内的烟花爆竹发生燃爆	危险作业 危险场所 危险物品

通过对表 3-1 分析可得出：

(1) 在 22 起典型烟花爆竹事故中，特大事故 1 起，占 4.5%；重大事故 5 起，占 22.7%；较大事故 13 起，占 59.1%；一般事故 4 起，占 18.2%。较大以上事故 18 起，占 81.8%。

(2) 从企业类来看，在 22 起烟花爆竹事故中，生产企业事故 14 起，占 63.6%，其中特大事故 1 起、重大事故 4 起、较大事故 6 起、一般事故 3 起，分别占 7.1%、28.6%、42.9%、21.4%；生产企业中的较大以上事故 11 起，占 78.6%。经营企业事故 8 起，占 36.4%，其中特大事故 0 起、重大事故 0 起、较大事故 7 起、一般事故 1 起，分别占 0%、0%、87.5%、12.5%；经营企业中的较大以上事故 7 起，占 87.5%。

(3) 从引发事故直接原因来看，在 22 起烟花爆竹事故中，引发事故发生的直接风险因子主要有危险设备、危险工艺、危险作业、危险场所和危险物品，其中单项出现的频次：危险物品 22 次、危险作业 21 次、危险场所 21 次、危险工艺出 10 次和危险设备 3 次，分别占 100%、95.5%、95.5%、45.5 和 13.6%。双项同时出现频次：危险场所＋和危险物品 22 次，危险工艺＋危险作业 10 次，分别占 100%、45.5%。三项同时出现频次：危险作业＋危险场所＋危险物品 10 次，危险工艺＋危险作业＋危险物品 9 次，分别占 45.5%、40.9%。四项同时出现频次：危险工艺＋危险作业＋危险场所＋危险物品 7 次，危险设备＋危险工艺＋危险作业＋危险物品 3 次，分别占 31.8%、13.6%。五项同时出现频次：危险设备＋危险工艺＋危险作业＋危险场所＋危险物品 2 次，占 9.1%。

综上所述，引发烟花爆竹重特大燃爆事故，主要源于企业存在生产经营高风险设备、工艺、作业、场所和物品等。要想遏制住企业发生重特大燃爆事故，就必须对烟花爆竹企业重大风险辨识评估与分级管控技术进行研究，科学辨识、排查并控制事故高风险因子，使烟花爆竹作业场所中的危险物品（如高氯酸钾、硝酸钾、氧化铜、硝酸钡等，镁铝合金粉、硫黄等，树脂、纸张、酒精等，黑火药及引线等、半成品、产成品等），危险作业（如电工作业、搬运作业、筛选作业、筑药作业、装药作业、值班员、保管员、守护员等），风险场所［如装黑火药工房、仓库或其他操作工房、混药工房、亮珠筛选工房、亮珠晾晒专用场、烘房、调湿药工房、蘸药（点尾）工房、亮珠包装工房、内筒装药封口工房、组装工房、包装成箱/褙皮工房、中转库、成品库等］，工艺参数（如温度监测、湿度监测、视频监控设施、防雷设施接地电阻监测、监控系统接地电阻监测、排风扇电源接地电阻监测、库容量、堆码高度等），设备设施（如车辆、手推车、切纸机、卷筒机、压底泥机、组盆串引机、装黑火药机、原材料粉碎机、原材料筛选机、机械混药机、亮珠造粒机、压药柱机、联筒机等），处于可控、在控、受控状态。

一是广汉金雁花炮公司安全生产法制意识淡漠，违反国家有关安全生产和易制爆危险化学品的法律法规，蓄意逃避政府部门的监管检查。二是河南创越化工公司在发现售出的硝化棉的发运数量、流向与向当地公安机关报备信息不一致时，未及时补充报备相关信息；未向购货方提供硝化棉的化学品安全技术说明书，并未在硝化棉的包装（包括外包装件）上粘贴或者悬挂相应的化学品安全标签。三是浏阳市航南防潮剂厂在河南创越化工公司购买7.9吨硝化棉后，违法将其中3吨硝化棉转卖（让）给广汉金雁花炮公司。

二、基于工矿商贸重点行业风险管控要求

“五高”风险最初是由湖北省原安监局提出的。2013年12月在湖北省隐患排查体系建设中首次纳入培训内容，此后历次在市州安监局执法人员培训中宣讲；2015年，国家安全生产监督管理总局在重庆召开部分省市安监局长座谈会，湖北省就“五高”风险管控做了汇报也得到肯定；2016年，职业安全学术会议上进行论文交流，并得到发表；同年，《中共中央 国务院关于推进安全生产领域改革发展的意见》，提出建立安全预防控制体系。企业要定期开展风险评估和危害辨识[1]。针对高危工艺、设备、物品、场所和岗位，建立分级管控制度，制定落实安全操作规程。据此，“五高”风险以文件形式得到国家认可[2]。

2017年，湖北省安全“十三五”规划提出，强化风险管控，以遏制重特大事故为重点，加强各行业领域“五高”的风险管控。明确将“五高”定义为：高风险工艺、高风险设备、高风险物品、高风险场所、高风险人群。同年，写进《湖北省安全生产条例》，并纳入注册安全工程师考试内容。

《基于重特大事故预防的“五高”风险管控体系》一文中提出不以行业领域划分安全生产工作的重点与非重点，创新性地提出了“五高”概念及基于重特大事故预防的“五高”风险管控体系，对风险辨识，分级标准、风险预警、分级管控机制进行了研究，提出了与之相应的信息平台功能，并结合湖北省安全生产实际，论证了该体系的可行性[3]。

第二节　“五高”内涵

一、国家政策要求

依据《中共中央国务院关于推进安全生产领域改革发展的意见》（中发〔2016〕32号）第二十一条：强化企业预防措施。企业要定期开展风险评估和危害辨识。针对高危工艺、设备、物品、场所和岗位，建立分级管控制度，制定落实安全操作规程。树立隐患就是事故的观念，建立健全隐患排查治理制度、形成重大隐患治理情况向负有安全生产监督管理职责的部门和企业职代会“双报告”制度，实行自查自改自报闭环管理。严格执行安全生产和职业健康“三同时”制度。大力推进企业安全生产标准化建设，实现安全管理、操作行为、设备设施和作业环境的标准化。开展经常性的应急演练和人员避险自救培训，着力提升现场应急处置能力[1-4]。

在上级文件以及徐克文章中，所谓“五高”，即高风险工艺、高风险设备、高风险物品、高风险场所和高风险人群。“五高”风险主要针对重特大事故中的致灾物，围绕承灾体（人员和财产）防护，制定管理和控制措施。

二、事故管控模式

早期事故控制理论以海因里希因果理论、能量理论、轨迹交叉理论为代表，有效说明了事故原因与事故结果之间的逻辑关系，尤其是指出了“人的不安全行为”“物的不安全状态”在导致事故过程中的作用。传统高危行业因其人员密集、物料危险、工艺复杂，较大切合了事故致因理论的模型。然而，这种传统的事故控制模型以事故为研究对象，存在先天的“滞后性”和“被动性”，其查找的原因、制定的措施并不具有普适性，更无法有效预防不同类型、不同行业的重特大事故。传统事故控制模型如图3-1所示。近几年来多起重特大事故调查，事故原因千篇一律地归结于“人的安全意识”“管理方式”“制度执行”等方面，没有在企业安全规律、事故本质特征、生产系统等方面进行深入探究。并且现有安全生产实践过程中，重特大事故控制方法或手段大多以此为基础，包括隐患排查治理体系等。

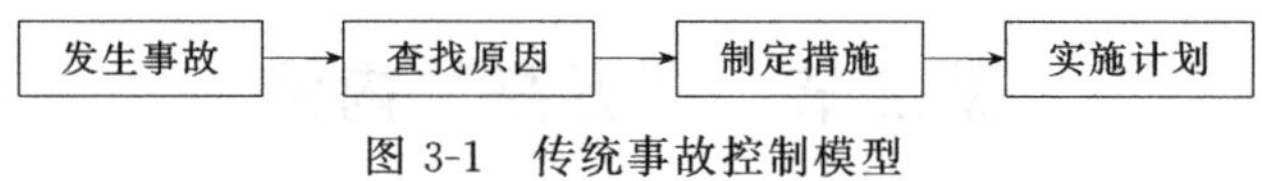

图 3-1 传统事故控制模型

墨菲定律指出，风险无处不在，并且表现出较大的隐蔽性和偶发性，在生产过程中大多并没有在短期内以“不安全行为”“不安全状态”的形式被人感知。因而企业投入大量人力、物力进行筛选式的隐患排查，仍无法控制事故的发生。“五高”风险防控模型运用安全科学原理，构建系统的事故防控模型，如图 3-2 所示。

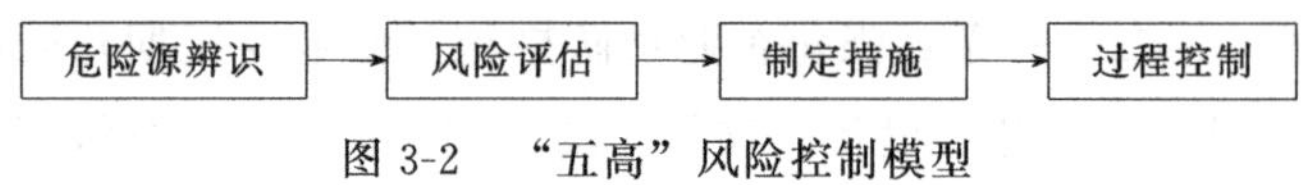

图 3-2 “五高”风险控制模型

三、“五高”定义[1,2]

(1) 高风险场所。指具有易发事故的场所或环境，如地下矿山、建筑工地、公路、有限空间、可能有毒害粉尘车间、可能发生有毒害气体泄漏车间、水上（下）作业、高处作业以及车站、集会场馆等人员密集场所等。高风险场所因其致害物相对较多或能量意外释放的可能性相对较大，在人员进入高风险场所后，事故发生的可能性和后果的严重性均会增加。

(2) 高风险工艺。指生产流程中由于工艺本身的状态和属性发生变化，可能导致事故发生的工艺过程。如加热、冷冻、增压、减压、放热反应、带电作业、动火作业、吊装、破拆、筑坝等。化工生产的硝化、氧化、磺化、氯化、氟化、氨化、重氮化、过氧化、加氢、聚合、裂解等都是高风险工艺。工艺状态和属性的变化可能会改变旧有安全-风险平衡体系，原有的风险防控措施无法适应新的变化，引起风险增加导致事故。

(3) 高风险设备。指生产过程中的、本身具有高能量并且可能导致能量意外释放的设备，如特种设备、带电设备、高温设备、高速交通工具等。高风险设备因其具有较高的能量，一旦发生能量意外释放并接触人体，可能导致伤害事故。能量的形式具有多种形态，如机械能、电能、化学能、辐射能、电磁能等，高风险设备是其主要载体。

(4) 高风险物品。主要指具有爆炸性、易燃性、放射性、毒害性、腐蚀性等性质的物品。高风险物品因其特有的物理、化学性质，作用于人体导致伤害。

(5) 高风险人群。指具有易诱发生产事故的人群，如特种作业人员、危险品运输车辆驾驶员、职业禁忌人员、需要培训而未经培训上岗的人员等。高风险人群因其岗位、工种、操作的特殊性，在整个系统环境中处于十分重要的地位，其行为的不安全性极易导致事故发生。人群行为的不安全性可能来自技能、生理、心理、外在条件等客观因素的影响。

结合实际情况，“基于遏制重特大事故的企业重大风险辨识评估技术与管控体系研究项目”中，将“五高”进行简化提炼，具体定义如下：

① 高风险物品：指可能导致发生重特大事故的易燃易爆物品、危险化学品、带压顶板、高势能等物品。

② 高风险工艺：指工艺过程失控可能导致发生重特大事故的工艺。

③ 高风险设备：指运行过程失控可能导致发生重特大事故的设备设施。如矿井提升机。

④ 高风险场所：指一旦发生事故可能导致发生重特大事故后果的场所，如重大危险源、劳动密集型场所。

⑤ 高风险作业：指失误可能导致发生重特大事故的作业。如特种作业、危险作业、特种设备作业等。

四、烟花爆竹特种作业

根据国家安全生产监督管理总局令第 80 号第二次修正的《特种作业人员安全技术培训考核管理规定》，烟花爆竹特种作业就是指烟花爆竹安全作业，是指从事烟花爆竹生产、储存中的药物混合、造粒、筛选、装药、筑药、压药、搬运等危险工序的作业[5-7]。

具体包括五个小类。

① 烟火药制造作业：指从事烟火药的粉碎、配药、混合、造粒、筛燥、包装等作业。

② 黑火药制造作业：指从事黑火药的潮药、浆硝、包片、碎片、油压、抛光和包浆等作业。

③ 引火线制造作业：指从事引火线的制引、浆引、漆引、切引等作业。

④ 烟花爆竹产品涉药作业：指从事烟花爆竹产品加工中的压药、装药、筑药、褙药剂、已装药的钻孔作业等。

⑤ 烟花爆竹储存作业：指从事烟花爆竹仓库保管、守护、搬运等作业。

因烟花爆竹生产企业、经营企业数据资料有限，烟花爆竹行业安全风险评估主要以烟花爆竹生产企业为例，进行“五高”风险评估模型可行性分析，并对评估结果汇总分析。

第三节 基于遏制重特大事故的“五高”风险管控思想

基于“五高”风险，以防范重特大事故为前提，提出烟花爆竹行业“五高”风险的概念及其管控模式，为系统解决当前安全生产工作突出矛盾提供了思路和方法。结合大数据、数据融合等技术，提出了“五高”风险辨识的系统方法，通过辨识“五高”，评估“五高”风险，建立“五高”风险分级管控机制，降低了传统风险辨识方法的主观性和分散性问题，并实现了“五高”风险清单的动态管理。从机制、技术、方法层面构建了“五高”风险管控体系，从而实现“五高”风险的靶向管控，达到管控重大风险、遏制重特大事故的目的[1,3]。

一、基本工作程序

1. 风险点高危风险因子辨识

在风险单元区域内，以可能诱发的本单元重特大事故点作为风险点。基于单元事故风险点，分析事故致因机理，评估事故严重后果，并从高风险工艺、高风险设备、高风险物品、高风险场所、高风险作业（“五高”风险）辨识高危风险因子。

2. 风险点典型事故风险的固有危险评价

高危风险（“五高”风险）赋值，建立评估模型，评估风险点的事故风险固有危险指数。

3. 单元固有危险评价

加权累计单元内若干风险点固有危险指数，形成单元固有风险值。

二、烟花爆竹企业风险评估单元划分

风险单元借鉴安全生产标准化单元划分经验，以相对独立的工艺系统作为固有风险辨识评估单元，一般以车间划分。该单元的划分原则兼顾了单元安全风险管控能力与安全生产标准化管控体系的无缝对接。风险点是在单元区域内，以可能诱发的本单元重特大事故点作为风险点[4]。

将烟花爆竹企业按工艺特点划分评估单元，见表 3-2。

表 3-2　安全评估单元划分

评估对象	风险评估单元	备注
烟花爆竹生产企业	组合烟花生产	人工生产，机械生产
	爆竹生产	人工生产，机械生产
	引火线制作	人工生产，机械生产
	内筒效果件制作	人工生产，机械生产
	烟花爆竹仓库或中转库	人工，机械
	烟花爆竹运输配送	汽车运送
	烟花爆竹经营门店	人工销售
烟花爆竹经营企业	烟花爆竹仓库或中转库	人工，机械
	烟花爆竹运输配送	汽车运送
	烟花爆竹经营门店	人工销售
烟花爆竹零售经营点	烟花爆竹经营门店	人工销售

三、风险点固有危险指数

（一）风险点固有危险指数指标体系

风险点固有危险指数❶（h）受下列 5 个因素影响：

（1）高风险设备，表征为设备本质安全化水平；

---

❶ 风险点固有危险指数，具体包括：高风险设备固有风险指数（h_s）、高风险物质危险指数（M）、高风险场所人员暴露指数（E）、高风险工艺修正系数（K_1）、高风险作业危险性修正系数（K_2）。

(2) 高风险工艺，表征为监测监控失效率水平；

(3) 高风险物品，表征为物质危险性；

(4) 高风险场所，表征为场所人员风险暴露；

(5) 高风险作业，表征为作业危险性。

(二) 风险点固有危险指数分类

1. 高风险设备固有危险指数 (h_s)

高风险设备固有危险指数以风险点设备设施本质安全化水平作为赋值依据，表征风险点生产设备设施防止事故发生的技术措施水平，见表 3-3。

表 3-3 高风险设备固有危险指数 h_s

类型		取值
危险隔离(替代)		1.0
故障安全	失误安全	1.2
	失误风险	1.4
故障风险	失误安全	1.3
	失误风险	1.7

2. 高风险物品危险指数 (M)

M 值由风险点高风险物品的火灾、爆炸、毒性、能量等特性确定，按照《危险化学品重大危险源辨识》，采用高风险物品的实际存在量 (q) 与临界量 (Q) 的比值及对应物品的危险特性校正系数 (β_i) 乘积的和 m 值作为分级指标，根据分级结果确定 M 值[5,6]。

风险点高风险物品相对量值 m 值的计算方法如下：

$$m=\beta_1 \frac{q_1}{Q_1}+\beta_2 \frac{q_2}{Q_2}+\cdots+\beta_n \frac{q_n}{Q_n} \tag{3-1}$$

式中 q_1，q_2，…，q_n——每种高风险物品实际存在（在线）量，t；

Q_1，Q_2，…，Q_n——与各高风险物品相对应的临界量，t；

β_1，β_2…，β_n——与各高风险物品相对应的校正系数；

校正系数 β 的取值见表 3-4 和表 3-5。

表 3-4　常见毒性气体校正系数 β 值取值表

毒性气体名称	一氧化碳	二氧化硫	氨	环氧乙烷	氯化氢	溴甲烷	氯
β	2	2	2	2	3	3	4
毒性气体名称	硫化氢	氟化氢	二氧化氮	氰化氢	碳酰氯	磷化氢	异氰酸甲酯
β	5	5	10	10	20	20	20

表 3-5　未在表 3-3 中列举的危险化学品校正系数 β 取值表

类别	符号	校正系数(β)
急性毒性	J1	4
	J2	1
	J3	2
	J4	2
	J5	1
爆炸物	W1.1	2
	W1.2	2
	W1.3	2
易燃气体	W2	1.5
气溶胶	W3	1
氧化性气体	W4	1
易燃液体	W5.1	1.5
	W5.2	1
	W5.3	1
	W5.4	1
自反应物质和混合物	W6.1	1.5
	W6.2	1
有机过氧化物	W7.1	1.5
自反应物质和混合物	W7.2	1
自燃液体和自燃固体	W8	1
氧化性固体和液体	W9.1	1
	W9.2	1
易燃固体	W10	1
遇水放出易燃气体的物质和混合物	W11	1
其他高风险物品	W12.1	1
	W12.2	2

根据计算出来的 m 值，按表 3-6 确定风险点高风险物品的级别，确定相应的物质指数 M。

表 3-6 高风险物品级别和 M 值的对应关系

高风险物品级别	m 值	M 值
一级	$m \geqslant 100$	9
二级	$100 > m \geqslant 50$	7
三级	$50 > m \geqslant 10$	5
四级	$10 > m \geqslant 1$	3
五级	$m < 1$	1

3. 高风险场所人员暴露指数（E）

以风险点内暴露人数 p 来衡量，按表 3-7 取值，取值范围 1～9。

表 3-7 高风险场所人员暴露指数（E）赋值表

暴露人数(p)	E 值
$p \geqslant 100$	9
$99 \geqslant p \geqslant 30$	7
$29 \geqslant p \geqslant 10$	5
$9 \geqslant p \geqslant 3$	3
$2 \geqslant p \geqslant 0$	1

4. 高风险工艺修正系数（K_1）

由监测监控设施失效率修正系数（高风险工艺修正系数）K_1 表征，按式（3-2）计算：

$$K_1 = l + 1 \tag{3-2}$$

式中 l——风险点内监测监控设施失效率的平均值。

5. 高风险作业危险性修正系数（K_2）

由高风险作业危险性修正系数 K_2 表征，按式（3-3）计算：

$$K_2 = 1 + 0.05n \tag{3-3}$$

式中 n——风险点内涉及高风险作业种类数。

四、风险点固有危险指数 h 评价模型

将风险点固有危险指数 h 按式（3-4）计算：

$$h = h_s M E K_1 K_2 \quad (3\text{-}4)$$

式中 h_s——高风险设备固有危险指数；

M——高风险物质危险指数；

E——高风险场所人员暴露指数；

K_1——高风险工艺修正系数；

K_2——高风险作业危险性修正系数。

五、单元固有危险指数 H

单元区域内存在若干个风险点，根据安全控制论原理，单元固有危险指数 H 为若干风险点固有危险指数的场所人员暴露指数加权累计值。单元固有危险指数 H 按式（3-5）计算：

$$H = \sum_{i=1}^{n} h_i / (E_i / F) \quad (3\text{-}5)$$

式中 h_i——单元内第 i 个风险点危险指数；

E_i——单元内第 i 个风险点场所人员暴露指数；

F——单元内各风险点场所人员暴露指数累计值；

n——单元内风险点数。

参考文献

[1] 刘诗飞,姜威．重大危险源辨识与控制[M]．北京:冶金工业出版社,2012.

[2] 徐克．基于重特大事故预防的“五高”风险管控体系[J]. 武汉理工大学学报：信息与管理工程版, 2017,39(6)：649-653.

[3] 姜旭初,姜威著．金属非金属矿山风险管控技术[M]. 北京:冶金工业出版社,2020.

[4] 罗聪,徐克,刘潜，赵云胜．安全风险分级管控相关概念辨析[J]. 中国安全科学学报,2019, 29(10)：43-50.

[5] 李刚．烟花爆竹经营行业风险预警与管控研究[D]. 武汉:中南财经政法大学,2019.

[6] 马洪舟．烟花爆竹生产企业爆炸事故风险评估及控制研究[D]. 武汉:中南财经政法大学,2020.

[7] 王慧．重大危险源辨识、分级与评估的研究[D]. 太原：中北大学,2014.

第四章 烟花爆竹企业“五高”风险辨识与评估技术

第一节　烟花爆竹企业风险辨识与评估

单元风险分级管控体系实现了风险分级管控与隐患违规电子信息相衔接，以单元内易发事故预防控制为目标，通过安全风险模式分析、事故类型预判，对每项风险进行识别与分级，把握关键风险点（区域）和风险易发环节，按照风险程度和实际情况提出合理风险管控措施；通过事故隐患和各项风险的排查，运用目前已有信息化手段监测关键风险点，获取动态信息，经隐患闭合流程将各类隐患消灭在萌芽状态，避免事故发生。

一、风险辨识方法的选取

风险辨识是对尚未发生的各种风险进行系统的归类和全面的识别。风险辨识的目的是使企业系统地、科学地了解当前自身存在的风险因素，并对其加强控制。风险辨识结合现代风险评估技术（安全评价技术），可以为企业的安全管理提供科学的依据和管理决策，从而达到加强安全管理、控制事故发生的最终目的。目前，风险辨识技术广泛应用于各个生产领域，方法也较为成熟。

系统中存在多种风险因素，要想全面、准确地辨识，需要借助各种安全分析方法或工具。目前常用的风险辨识方法有：故障类型及影响分析法（FMEA）、安全检查表法（SCL）、事故树分析法（FTA）、工作危险分析法（JHA）、作业环境分析法（LEC）等。这些分析方法都是各行业在实践经验中不断总结出来的，各有其自身的特点和适用范同。下面将对几种常用的风险辨识方法做简单介绍[1,2]。

1. 故障类型及影响分析法（FMEA）

故障类型及影响分析由可靠性工程发展而来，它主要对于一个系统内部每个元件及每一种可能的故障模式或不正常运行模式进行详细的分析。并推断它对于整个系统的影响、可能产生的后果以及如何才能避免或减少损失。这种分析方法的特点是从元件的故障开始逐次分析其原因、影响及应采取的对策措施。FMEA 常用于分析一些复杂的设备、设施。

2. 安全检查表法（SCL）

安全检查表法是一种事先了解检查对象，并在剖析、分解的基础上确定的检查项目表，是一种最基础的方法。这种方法的优点是简单明了，现场操作人员和管理人员都易于理解与使用。编制表格的控制指标主要是有关标准、规范、法律条款。控制措施主要根据专家的经验制定。检查结果可以通过“是/否”或“符合/不符合”的形式表现出来。

3. 事故树分析法（FTA）

事故树分析是一种图形演绎的系统安全分析方法，是对故障事件在一定条件下的逻辑推理。它从分析的特定事故或故障开始，逐层分析其发生原因，一直分析到不能再分解为止。再将特定的事故和各层原因之间用逻辑门符号连接起来，得到形象、简洁的表达其逻辑关系的逻辑树图形。事故树主要用于分析事故的原因和评价事故风险。

4. 工作危险分析法（JHA）

JHA 是目前企业生产风险管理中普遍使用的一种作业风险分析与控制工具。一般确定待分析的作业活动后，将其划分为一系列的步骤，辨识每一步骤的潜在危害。确定相应的预防措施。其能够帮助作业人员正确理解工作任务，有效识别其中的危害与风险以及明确作业过程中的正确方法及相应的安全措施。从而保障工作的安全性和可操作性。JHA 一般用于作业活动和工艺流程的危害分析。

5. 作业环境分析法（LEC）

LEC 是一种风险评价方法。用于评价人们在某种具有潜在危险的环境中进行作业的危险程度。此种方法也可以用于前期的风险辨识，用与系统风险有关的三种因素指标值的乘积来评价操作人员伤亡风险大小，这三种因素分别是：L（likelihood，事故发生的可能性）、E（exposure，人员暴露于危险环境中的频繁程度）和C（criticality，一旦发生事故可能造成的后果）。给三种因素的不同等级分别确定不同的分值，再以三个分值的乘积D（danger，危险性）来评价作业条件危险性的大小。

风险辨识评估的一个重要前提是对风险内涵的深刻理解。有研究者将其概括为不确定损伤事态及其概率和后果的集合，还有学者认为风险既可以是会造成损失的不确定事件本身，也可以是不确定事件发生的概率，还可以是不确定事件造成的损失期望值。总体而言，研究者对风险内涵的理解基本相似：构成风险的必要因素包括风险事态、风险概率和风险损失。

风险矩阵评估方法直接简洁地体现了对风险内涵的理解，这也是它获得广泛应用的原因之一。风险矩阵同样不存在完全固定的形式，具体形式和内容也与决策者的风险态度息息相关。风险矩阵评价法是较简易概括风险概率与后果严重性的风险评估方法，常用于复杂、不确定性因素较多的高危企业的前期风险辨识。

二、风险评估方法

风险评估采用风险矩阵法对通用风险清单中的风险点进行初步评估[3,4]。

风险矩阵法（Risk Matrix）又称风险矩阵图，是一种能够对危险发生的可能性和伤害严重程度进行综合评估的定性的风险评估分析方法。这种方法能将风险绘制在矩阵图中，并展示风险及其重要性等级，主要用于风险评估领域。其优点：可为企业确定各项风险重要性等级提供可视化的工具；其缺点：一是需要对风险重要性等级标准、风险发生可能性、后果严重程度等做出主观判断，可能影响使用的准确性；二是应用风险矩阵法所确定的风险重要性等级是通过相互比较确定的，因而无法将列示的个别风险重要性等级通过数学运算得到总体风险的重要性等级。

英国石油化工行业最先采用风险矩阵法，即辨识出每个作业单元可能存在的危害，并判定这种危害可能产生的后果及产生这种后果的可能性，二者相乘，得出所确定危害的风险。然后进行风险分级，根据不同级别的风险，采取相应的风险控制措施。

风险的数学表达式如下：

$$R_v = LS \tag{4-1}$$

式中 R_v——风险度；

L——发生伤害的可能性；

S——发生伤害后果的严重程度。

从偏差发生频率、安全检查、操作规程、员工胜任程度、控制措施五个方面对危害事件发生的可能性（L）进行评估取值，取五项得分中的最高分值作为其最终的 L 值，见表 4-1。

表 4-1 发生伤害的可能性判定表

等级	赋值	偏差发生频率	安全检查	操作规程	员工胜任程度	控制措施（监控、联锁、报警、应急措施）
极有可能	5	可能反复出现的事件	无检查（作业）标准或不按标准检查（作业）	无操作规程或从不执行操作规程	不胜任	无任何监控措施或有措施从未投用；无应急措施
有可能	4	可能屡次发生的事件	检查（作业）标准不全或很少按标准检查（作业）	操作规程不全或很少执行操作规程	平均工作1年或多数为中学以下文化水平	有监控措施但不能满足控制要求，措施部分投用或有时投用；有应急措施但不完善或没演练
少见	3	可能偶然发生的事件	发生变更后检查（作业）标准未及时修订或多数时候不按标准检查（作业）	发生变更后未及时修订操作规程或多数操作不执行操作规程	平均工作年限1～3年或多数为高中（职高）文化水平	监控措施能满足控制要求，但经常被停用或发生变更后不能及时恢复；有应急措施但未根据变更及时修订或作业人员不清楚
不大可能	2	不太可能发生的事件	标准完善但偶尔不按标准检查（作业）	操作规程齐全但偶尔不执行	平均工作年限4～5年或多数为大专文化水平	监控措施能满足控制要求，但供电、联锁偶尔失电或误动作；有应急措施但每年只演练一次
几乎不可能	1	几乎不可能发生的事件	标准完善、按标准进行检查（作业）	操作规程齐全，严格执行并有记录	平均工作年限超过5年或大多为本科及以上文化水平	监控措施能满足控制要求，供电、联锁从未失电或误动作；有应急措施每年至少演练二次

从人员伤亡情况、财产损失、法律法规符合性、环境破坏和对企业声誉损坏五个方面对后果的严重程度（S）进行评估取值，取五项得分中的最高分值作为其最终的 S 值，见表 4-2。

表 4-2 发生伤害的后果严重性判定表

等级	赋值	人员伤害情况	财产损失、设备设施损坏	环境破坏	声誉影响
可忽略的	1	一般无损伤	一次事故直接经济损失在5000元以下	基本无影响	本岗位或作业点
轻度的	2	1～2人轻伤	一次事故直接经济损失5000元及以上，1万元以下	设备、设施周围受影响	没有造成公众影响
中度的	3	造成1～2人重伤3～6人轻伤	一次事故直接经济损失在1万元及以上，10万元以下	作业点范围内受影响	引起省级媒体报道，一定范围内造成公众影响
严重的	4	1～2人死亡，3～6人重伤或严重职业病	一次事故直接经济损失在10万元及以上，100万元以下	造成作业区域内环境破坏	引起国家主流媒体报道
灾难性的	5	3人及以上死亡，7人及以上重伤	一次事故直接经济损失在100万元及以上	造成周边环境破坏	引起国际主流媒体报道

确定了 S 和 L 值后，根据式（4-1）计算风险度 R_v 的值，由风险矩阵表判定风险等级，见表 4-3。

表 4-3 风险等级判定表

可能性 L \ 后果 S		1	2	3	4	5
		可忽略的	轻度的	中度的	严重的	灾难性的
5	极有可能	5	10	15	20	25
4	有可能	4	8	12	16	20
3	少见	3	6	9	12	15
2	不大可能	2	4	6	8	10
1	几乎不可能	1	2	3	4	5

根据 R_v 值的大小将风险级别分为以下四级：

（1）$R_v=15\sim25$，A 级，重大风险；

（2）$R_v=8\sim12$，B 级，较大风险；

（3）$R_v=4\sim6$，C 级，一般风险；

（4）$R_v=1\sim3$，D 级，低风险。

三、风险辨识与评估程序

烟花爆竹行业较为单一，主要包含烟花爆竹生产企业、烟花爆竹批发经营企业、零售经营企业；同时各类企业又涉及多种产品，且品类间的差异较大。因此，烟花爆竹企业进行风险辨识与评估时，第一步是梳理烟花爆竹的企业类型，并根据国家政策文件、依据工艺特点，划分各类企业的评估单元；第二步是分析单元内的事故风险点，形成湖北省烟花爆竹行业通用安全风险辨识清单。

与传统局部系统对单元中危险有害因素的风险评估方法不同，本书将采取的是“3＋4”的模式，即以烟花爆“竹”生产企业、烟花爆竹批发经营企业、零售经营企业 3 类企业为依托，以系统重点防控风险点为评估主线，侧重生产、储存、运输和经营 4 个重点环节划分为评估单元，提出一种系统的通用风险清单辨识与评估方法，也亦即风险分级管控与隐患违章违规电子证据库体系，包括危险部位查找，风险模式辨识，事故类别与后果，风险等级与管控措施，隐患排查内容与违章违规判别方式、监测监控方式、监测监控部位等环节。

1. 统计分析

通过现场调研、事故案例收集、文献查阅等统计调查手段，整理事故发生的时间、事故经过、事故发生的直接原因、间接原因、事故类别、事故后果、事故等级等方面基础资料，进行初步的分析，再运用国家标准与行业规范，提出风险管控建议。

2. 风险模式分析

对风险的前兆、后果与各种起因进行评价与判断，找出主要原因并进行仔细检查、分析。

3. 风险评价

采用风险矩阵法，辨识出每一项风险模式可能存在的危害，并判定这种危害可能产生的后果及产生这种后果的可能性，二者相乘，确定风险等级。

4. 风险分级与管控措施

依据评估结果，由风险大小依次分 A 级、B 级、C 级、D 级四类，以表征风险高低。在风险辨识和风险评估的基础上，预先采取措施消除或控制风险。

5. 隐患电子违章信息采集

安装在线监测监控系统获取动态隐患及违章信息。根据隐患排查内容，对可能出现的电子违章违规行为、状态、缺陷等，提出判别方式，实施在线监测监控，再结合企业潜在的事故隐患自查自报方式，获取违章违规电子证据库。

该风险分级管控与隐患违章违规电子证据库体系是以风险预控为核心，以隐患排查为基础，以违章违规电子证据为重点，以“PDCA”循环管理为运行模式，依靠科学的考核评价机制推动其有效运行，策划风险防控措施，实施跟踪验证，持续更新防控流程。目的是要实现事故的双重预防性工作机制，是基于风险的过程安全管理理念的具体实践，是实现事故预控的有效手段。前者需要在政府引导下由企业落实主体责任，后者需要在企业落实主体责任的基础上督导、监管和执法。二者是上下承接关系，前者是源头，是预防事故的第一道防线，后者是预防事故的末端治理。

单元风险分级评估与隐患违章电子库流程见图 4-1。

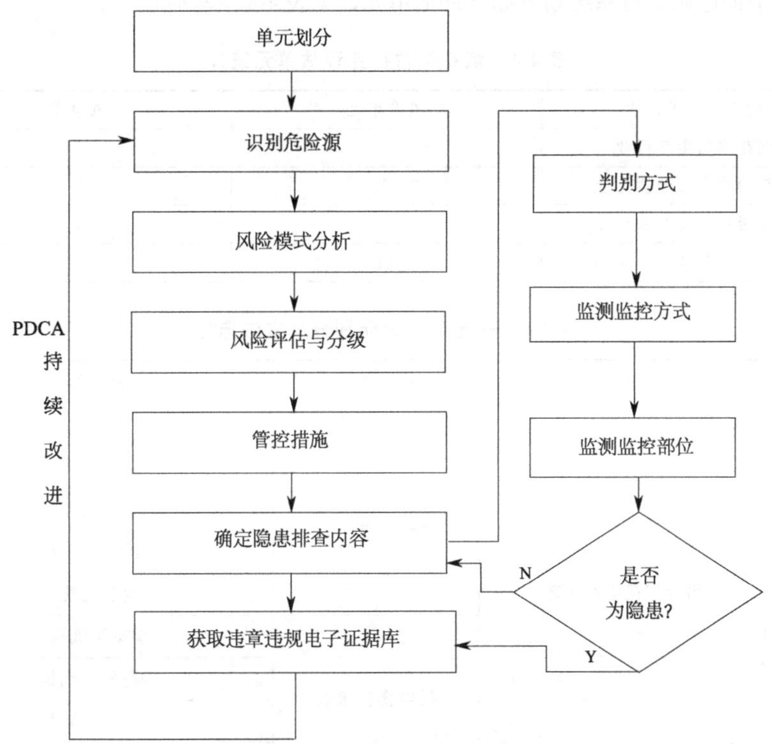

图 4-1　单元风险分级评估与隐患违章电子证据库流程

四、评估单元确定的原则

划分评估单元是为实现评估目标和评估方法使用服务的。为便于评估工作的有序进行，有利于提高评估工作的准确性。风险单元的划分借鉴安全生产标准化单元划分经验，以相对独立的工艺系统作为固有风险辨识评估单元，一般按车间划分。该单元的划分原则兼顾了单元安全风险管控能力与安全生产标准化管控体系的无缝对接，既根据其安全现状特点，又考虑危险、有害因素的类别和重点危险因素的分布等情况，将具有共性危险、有害因素的场所划为一个单元。在单元区域内，以可能诱发的该单元重特大事故点作为风险点。

五、评估单元的划分结果

根据企业提供的有关技术资料和现场调查、类比调查的结果，以及烟花爆竹生产经营系统特点，首先在危险有害因素辨识、分析的基础上，遵循突出重点，抓主要环节的原则，将系统划分如下评估单元，见表 4-4、表 4-5[3,4]。

表 4-4 烟花爆竹行业评估单元统计

烟花爆竹子行业	风险单元	风险点
烟花爆竹生产行业	7	7
烟花爆竹批发经营行业	3	3
烟花爆竹零售经营行业	1	1
合计	11	11

表 4-5 安全评估单元划分及方法选择

<table>
<tr><th>序号</th><th>单元</th><th>事故类型</th><th>子单元</th></tr>
<tr><td rowspan="10">1</td><td rowspan="10">组合烟花生产工艺</td><td>火灾事故</td><td>卷筒机</td></tr>
<tr><td rowspan="5">燃烧爆炸事故</td><td>组装工房</td></tr>
<tr><td>组盆串引工房</td></tr>
<tr><td>装黑火药工房</td></tr>
<tr><td>包装工房</td></tr>
<tr><td>烟花切纸机</td></tr>
<tr><td rowspan="4">机电伤害事故</td><td>烟花压泥底机</td></tr>
<tr><td>原材料粉碎机</td></tr>
<tr><td>原材料筛选机</td></tr>
</table>

续表

序号	单元	事故类型	子单元
2	内筒效果件生产工艺	粉尘爆炸	原材料粉碎机
			原材料筛选机
		燃烧爆炸事故	原材料称量工房
			人工混药工房
			混药机
			造粒机
			亮珠筛选工房
			亮珠晒场
			晾药
			亮珠烘房
			亮珠包装工房
			调湿药工房
			蘸药(点尾)工房
			内筒装药封口工房
			储存中转工房
		机电伤害事故	压泥底机
3	引火线生产工艺	粉尘爆炸事故	原材料粉碎机
			原材料筛选(筛炭)工房
		燃烧爆炸事故	原材料称量工房
			混药机
			浆硝工房
			制引机
			漆引(牵引)机
			晒场
			绕引上架工房
			引线切(割)机
			人工切(割)引线
			包装入中转库
		机电伤害事故	原材料粉碎机
			原材料筛选工房

续表

序号	单元	事故类型	子单元
4	爆竹生产工艺	火灾事故	卷筒机
		粉尘爆炸事故	原材料粉碎机
		粉尘爆炸事故	原材料筛选机
		燃烧爆炸事故	引锭与插引机
			自动混药装药机
			结鞭机
			包装工房
		机电伤害事故	卷筒机
			切饼机
			原材料粉碎机
			原材料筛选
5	仓库	燃烧爆炸事故	化工原材料库
			引线库
			亮珠仓库
			黑火药库
6	其他	燃烧爆炸事故	废引、废药场
			燃放试验场
7	油库及加油站—车间供油站	火灾爆炸事故	油库
8	燃气调压站—燃气	火灾爆炸事故	燃气调压站

注：各企业可根据自身实际情况进行划分。

六、辨识与评估清单

结合典型烟花爆竹生产经营企业风险辨识和事故案例辨析结果，参照法律法规及行业标准等，结合所划分单元，根据危险部位及可能的作业活动，辨识了烟花爆竹生产、储存、运输、批发经营和销售过程中潜在的重大风险模式，参照《企业职工伤亡事故分类》（GB 6441—1986）识别事故后果类别，分析事故后果严重程度，并提出与风险模式相对应的管控对策。此外，按照隐患排查内容、要求查找隐患，并对可能出现的电子违章违规行为、状态、缺陷等，利用在线监测监控系统摄取违章证据，最终形成安全风险与隐患违章信息表。综合考虑可能出现的事故类型与事故后果，运用风险矩阵对每一项进行评估，确定风险等级[1,5]。

与风险辨识信息表制作有关的术语的释义：

(1) 危险部位：各评估单元具有潜在能量和物质释放危险的、可造成人员伤害、在一定的触发因素作用下发生事故的部位。

(2) 风险模式：即风险的表现形式，风险的出现方式或风险对操作的影响。

(3) 事故类别：参照《企业职工伤亡事故分类》(GB 6441—1986) 事故类别与定义。

(4) 事故后果：某种事故对目标影响的结果。事故导致的最严重的潜在后果，用人员伤害程度、财产损失、系统或设备设施破坏、社会影响来度量。

(5) 风险等级：单一风险或组合风险的大小，以后果和可能性的组合来表达。

(6) 风险管控措施：与参考依据一一对应，主要依据国家标准和行业规范，针对每一项风险模式从标准或规范中找出对应的管控措施并列出来。如：《烟花爆竹作业安全技术规程》《烟花爆竹工程设计安全规范》《烟花爆竹化工原材料使用安全规范》《烟花爆竹零售网点设置安全规范》等。

(7) 隐患违规电子证据：按照隐患排查内容、要求查找隐患，并对可能出现的电子违章违规行为、状态、缺陷等，利用在线监测监控系统摄取违章证据，为远程执法提供证据。

(8) 判别方式：根据排查的内容，判别是否出现的违章违规行为、状态、管理缺陷等。

(9) 监测监控方式：捕获隐患的信息化手段，主要有在线监测、监控、无人机摄取、日常隐患或分析资料的上传等。

(10) 监测监控部位：安装监测监控设备进行实时在线展示的重点部位或事故易发部位。

根据烟花爆竹企业类型，构建生产企业和经营企业各单元通用风险辨识与评估清单，形成通用安全风险与隐患违规电子证据信息，覆盖各类型烟花爆竹生产、批发经营和零售经营企业安全重大风险点运行中的潜在安全风险。参见表 4-6。

表 4-6 烟花爆竹企业通用安全风险、隐患信息表

部位	安全风险评估与管控						隐患违规电子证据			
	作业或活动名称	风险模式	事故类型	风险等级	风险管控措施	参考依据	隐患检查内容	判别方式	监测监控方式	监测监控部位
…	…	…	…	…	…	…	…	…	…	…
内筒效果件生产工艺	烟火药机械混药	未采用防爆电气设备，作业人员未做到人机分离、人药分离，发生燃烧爆炸时可能导致殉燃殉爆，造成严重的建筑破坏和人员伤亡	火药爆炸、火灾、机械伤害、中毒窒息、触电……	Ⅱ	1. 采用符合标准的防爆电气设备； 2. 混药机械安装联锁装置，做到人机隔离操作； 3. 按要求设置防护屏障； 4. 配置混药间视频监控； 5. 严格按照安全操作规程要求的定员、定量作业； 6. 定期检查、维护、保养安全设施和机电设备； 7. 按要求开展安全教育培训，特种作业人员持证上岗； 8. 作业人员正确穿戴使用个体防护用品； 9. 开展应急演练，按要求配备应急器材，定期维护保养	GB 11652《烟花爆竹作业安全技术规程》 GB 10631《烟花爆竹安全与质量》 GB 5083《生产设备安全卫生设计总则》 GB/T 13869《用电安全导则》 AQ 4111《烟花爆竹作业场所机械电器安全规范》 AQ 4114《烟花爆竹安全生产标志》 AQ 4115《烟花爆竹防止静电通用导则》	1. 未正确穿戴防静电的个体防护用品； 2. 开机前未检查水槽水位，未将地面冲湿，未开空机运转一个工作循环； 3. 使用未经筛选的氧化剂、还原剂混合；使用非抗爆工房操作； 4. 混药机械无两个静电释放装置、非导静电器皿盛药； 5. 随意进入警戒线进行操作； 6. 未按开爆药 5kg、光色药 10kg 限定的药量进行操作； 7. 下班后未关掉所有电源、未清洗机械和地面，未执行每天的维护保养记录	是否采用可燃性粉尘环境相应防爆等级的电气设备	视频监控	配药工房
…	…	…	…	…	…	…	…	…	…	…

续表

部位	安全风险评估与管控						隐患违规电子证据			
	作业或活动名称	风险模式	事故类型	风险等级	风险管控措施	参考依据	隐患检查内容	判别方式	监测监控方式	监测监控部位
…	…	…	…	…	…	…	…	…	…	…
仓库	1.3级成品库	超员、超量作业，发生燃烧爆炸时，可能造成严重的人员伤亡和财产损失以及较大的社会影响	火药爆炸、火灾、中毒窒息	Ⅱ	1. 视频监控系统符合相关规定，并运行正常； 2. 定员、定量，按标准分类储存和堆码； 3. 如实填写出入库台账； 4. 按要求开展安全教育培训，特种作业人员持证上岗； 5. 作业人员正确穿戴使用个体防护用品； 6. 消防水池、灭火器材定期维护保养，并保持临用状态	GB 11652《烟花爆竹作业安全技术规程》 GB 50161《烟花爆竹工程设计安全规范》 GB 10631《烟花爆竹安全与质量》 GB 50016《建筑防火设计规范》 GB 50057《建筑物防雷设计规范》 GB 5083《生产设备安全卫生设计总则》 GB/T 13869《用电安全导则》 AQ 4111《烟花爆竹作业场所机械电器安全规范》 AQ 4114《烟花爆竹安全生产标志》 AQ 4115《烟花爆竹防止静电通用导则》	1. 仓库是否经公安机关审批，按证核准量存放，严禁超量储存和无证储存； 2. 是否专库专用以及混存现象。仓库的管理实行是否“五双”管理制度。仓库看守和仓库保管员分设，并签订安全责任状； 3. 仓库的消防器材、防盗、避雷设施完备，实行每年一检修保养制度，保证在良好状态，发挥作用； 4. 仓库是否建立检查登记制度、出入库领退登记签名制度，进入库区检查是否有本公司领导或保卫部人员引领到场。保管员、安全员是否日检一次，本公司是否组织月检一次，并落实犬防； 5. 仓库内温度是否低于35℃，湿度控制在65%以下； 6. 仓库内临时拉接电源、是否用煤油灯和蜡烛作照明，消防水是否到位，水源是否充足，室外、围墙是否设立安全防范警示语和安全标志； 7. 装卸时是否由保管员监装监卸。是否使用铁质工具，是否有穿钉有金属鞋底和带火种的人员进入仓库； 8. 堆放是否平、稳，是否符合“五距”要求。地面是否用油毡或其他易燃物铺垫。	1. 工房是否定员； 2. 库存是否定量。	视频监控	仓库

第二节 “五高”风险辨识与评估程序

“五高”风险辨识是指在生产事故发生之前，人们运用各种方法，系统、连续地认识某个系统的“五高”风险，并分析生产事故发生的潜在原因。本书基于事故统计、现场调研与法律法规等资料，研究企业风险辨识评估技术与防控体系，注重理论、技术、方法研究，重点研究和解决企业固有风险、动态风险管理与防控的关键技术问题及其在工程领域的应用。“五高”风险辨识与评估过程包含风险类型辨识，固有风险与动态评估指标体系的编制，风险点风险严重度（固有风险）、单元高危风险管控、单元风险动态修正模型的构建，现实风险分级标准以及风险管控对策。“五高”风险辨识与评估流程见图 4-2。

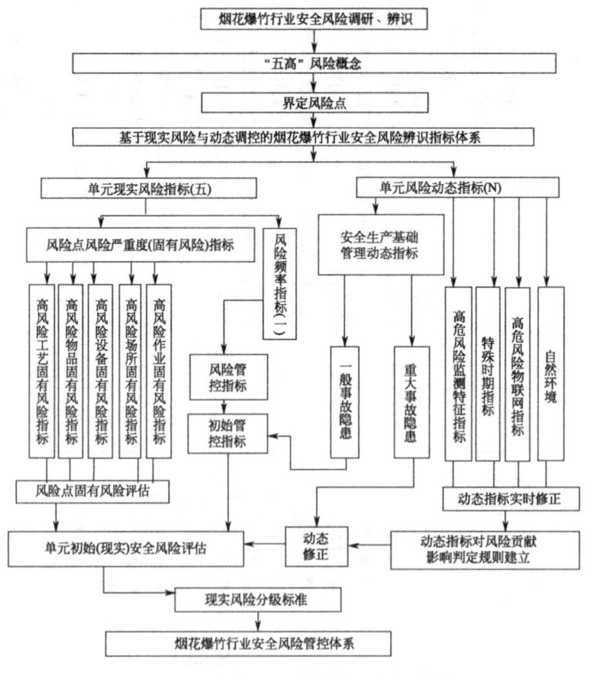

图 4-2 “五高”风险辨识与评估流程

第三节 “5+1+N”风险指标体系

“5+1+N”风险辨识指标体系是基于现实风险与动态调控的重大风险辨识指标体系的研究。将重大风险指标分为固有风险指标（5）、风险管控指标（1）和风险动态指标（N）。其中，“5”指高风险设备设施、高风险物品、高风险场所、高风险工艺、高风险作业；“1”为单元高危风险管控指标；“N”为风险动态指标，包括高危风险监测特征指标、事故隐患动态指标（安全生产基础管理动态指标）、特殊时期动态指标、高危风险物联网指标以及自然环境动态指标五个层面分析动态指标。

下面以烟花爆竹生产企业为例，介绍“5+1+N”风险辨识指标体系。

一、风险点固有风险指标“5”

固有风险指标主要是包括高风险物品、高风险设备、高风险工艺、高风险场所、高风险作业五大类。其中，设备本质安全化水平表征高风险设备，监测监控设施失效率表征工艺，物质危险性表征高风险物品、场所人员风险暴露表征高风险场所，高风险作业种类表征作业的危险性。

参照《企业职工伤亡事故分类》（GB 6441—1986）规定，烟花爆竹生产经营企业常见的伤亡事故主要有：物体打击、车辆伤害、火灾、起重伤害、触电、灼烫 、火药爆炸、中毒和窒息 、其他爆炸等 9 类，其中燃烧爆炸事故是主要事故类型，且危险程度较高。因此，应以燃烧爆炸事故作为烟花爆竹行业典型事故风险点，筛查该风险点对应引发的“五高”固有风险指标[3,4]。

烟花爆竹生产企业的“五高”固有风险的判别，应以组合烟花的生产工艺流程、内筒效果件生产工艺流程、爆竹制作生产工艺流程、爆竹引火线制作生产工艺流程、烟花爆竹仓库或中转库、烟花爆竹运输配送、烟花爆竹经营门店为基本单元，分析并筛选其燃烧爆炸事故风险点对应的“五高”固有风险指标和要素。

1. 组合烟花生产单元

燃烧爆炸事故风险点固有风险指标、要素的筛选：燃烧爆炸事故与设备设施本质安全水平相关，高风险设备设施包括切纸机、卷筒机、压底泥机、组盆串引机、装黑火药机、原材料粉碎机、原材料筛选机、混药机、亮珠造粒机、压药柱、烘房、联筒机等。该单元中的温度监测、湿度监测、视频监控设施、防雷设施接地电阻监测、监控系统接地电阻监测、排风扇电源接地电阻监测等的完好性反映了企业对组合烟花生产设备设施稳定性关键指标控制的可靠性，属于高风险工艺。受燃烧爆炸事故影响的暴露人员含该单元作业场所设备设施附近的作业人员及工房［如装黑火药工房、仓库或其他操作工房、混药工房、亮珠筛选工房、亮珠晾晒专用场、烘房、调湿药工房、蘸药（点尾）工房、亮珠包装工房、内筒装药封口工房、组装工房、包装成箱/褙皮工房等高风险暴露场所］中的人员。工房、中转或仓库中储存的物质，如高氯酸钾、硝酸钾、氧化铜、硝酸钡等，镁铝合金粉、硫黄等，树脂、纸张、酒精等，黑火药及引线等，是产生燃烧爆炸事故的能量来源，其总能大小与存放量有关，属于高危险物品。影响作业场所安全的危险作业和特种作业，包括搬运作业、造粒作业、切引作业、装药作业等危险作业以及电工等特种作业。以上指标以“五高”风险清单的形式进行表达，见表 4-7。

2. 内筒效果件生产单元

燃烧爆炸事故风险点固有风险指标、要素的筛选：燃烧爆炸事故与设备设施本质安全水平相关，高风险设备设施包括原材料粉碎机、筛选机、自动装药机、亮珠造粒机、亮珠筛选机、晒坪、阳光棚等。该单元中的温度监测、湿度监测、视频监控设施、防雷设施接地电阻监测、监控系统接地电阻监测、排风扇电源接地电阻监测等的完好性反映了企业对内筒效果件生产设备设施稳定性关键指标控制的可靠性，属于高风险工艺。受燃烧爆炸事故影响的暴露人员含该单元作业场所设备设施附近的作业人员及工房［如原材料粉碎、筛选、称量等工房，人工称量、配制、混药、调湿药、蘸药（点尾）、内筒装药封口等工房，亮珠造粒、亮珠筛选、晒坪、阳光棚等高风险场所］中的人员。工房、中转或仓库中储存的物质，如：化工原材料、树脂等，高氯酸钾、硫黄、铝粉、效果药（碳酸锶、氧化铜）、酒精等，是产生燃烧爆炸事故的能量来源，其总能大小与存放量有关，属于高危险物品。影响作业场所安全的危险作业和特种作业，包括粉碎、配药、混合、装药、造粒、筛选等，保管、守护、搬运等危险作业和电工等特种作业。以上指标以“五高”风险清单的形式进行表达，见表 4-8。

3. 爆竹生产单元

燃烧爆炸事故风险点固有风险指标、要素的筛选：燃烧爆炸事故与设备设施本质安全水平相关，高风险设备设施包括卷筒机、切饼机、空筒插引机或注引机、原材料粉碎机、筛选机、自动装药机、结鞭机等。该单元中的温度监测、湿度监测、视频监控设施、防雷设施接地电阻监测、监控系统接地电阻监测、排风扇电源接地电阻监测等的完好性反映了企业对爆竹生产设备设施稳定性关键指标控制的可靠性，属于高风险工艺。受燃烧爆炸事故影响的暴露人员含该单元作业场所设备设施附近的作业人员及工房［如装黑火药工房、原材料称量、人工药混合、调湿药、蘸药（点尾）、内筒装药封口、组装、包装成箱/褙皮等。工房、中转或仓库中储存的物质，如火硝（硝酸钾）或氯酸钾、硫黄、引线等，是产生燃烧爆炸事故的能量来源，其总能大小与存放量有关，属于高危险物品。影响作业场所安全的危险作业和特种作业，包括值班员、保管员、守护员、搬运作业、造粒作业、切引作业、装药作业等为危险作业和电工特种作业。以上指标以“五高”风险清单的形式进行表达，见表 4-9。

4. 爆竹引火线生产单元

燃烧爆炸事故风险点固有风险指标、要素的筛选：燃烧爆炸事故与设备设施本质安全水平相关，高风险设备设施包括原材料粉碎机、筛选机、混药机、制引火线机、漆（牵）引机、绕引机、引火线切（割）机等。该单元中的温度监测、湿度监测、视频监控设施、防雷设施接地电阻监测、监控系统接地电阻监测、排风扇电源接地电阻监测等的完好性反映了企业对爆竹引火线生产设备设施稳定性关键指标控制的可靠性，属于高风险工艺。受燃烧爆炸事故影响的暴露人员含该单元作业场所设备设施附近的作业人员及工房中的人员，如引线原材料称量、引线浆硝、引线干燥、引火线包装工房及引线库等。工房、中转或仓库中储存的物质，如高氯酸钾、硝酸钡、邻苯二甲酸氢钾等，火硝、硫黄等，是产生燃烧爆炸事故的能量来源，其总能大小与存放量有关，属于高危险物品。影响作业场所安全的危险作业和特种作业，包括搬运作业、造粒作业、切引作业、装药作业等危险作业和电工特种作业。以上指标以“五高”风险清单的形式进行表达，见表 4-10。

5. 烟花爆竹配送运输单元

燃烧爆炸事故风险点固有风险指标、要素的筛选：燃烧爆炸事故与设备设施本质安全水平相关，高风险设备设施包括运输车辆等。该单元中的温度监测、湿度监测、视频监控设施等的完好性反映了企业对烟花爆竹配送运输车辆稳定性关键指标控制的可靠性，属于高风险工艺。受燃烧爆炸事故影响的暴露人员含运输车辆经过道路、停车场、街道、村庄等附近的人员及该运输车辆上的驾驶员、押运员等，决定了燃烧爆炸事故发生后可能导致的人员伤亡后果，属于高风险暴露场所。配送运输的物质，如高氯酸钾、硝酸钾、氧化铜、硝酸钡等，镁铝合金粉、硫黄等，树脂、纸张、酒精、黑火药及引线、邻苯二甲酸氢钾、火硝、硫黄以及烟花爆竹产品等，是产生燃烧爆炸事故的能量来源，其总能大小与运输量有关，属于高危险物品。影响作业场所安全的危险作业和特种作业，包括驾驶员、押运员、装货员、搬运员等。以上指标以“五高”风险清单的形式进行表达，见表 4-11。

6. 烟花爆竹中转库或仓库单元

燃烧爆炸事故风险点固有风险指标、要素的筛选：燃烧爆炸事故与设备设施本质安全水平相关，高风险设备设施，如转运车辆等。该单元中的温度监测、湿度监测、视频监控设施等的完好性反映了企业对烟花爆竹出入库或中转库运输车辆稳定性关键指标控制的可靠性，属于高风险工艺。受燃烧爆炸事故影响的暴露人员含维修车间、开票区、宿舍区、试放区、销毁场所等附近的人员及烟花爆竹仓库或中转库中的人员等，决定了燃烧爆炸事故发生后可能导致的人员伤亡后果，属于高风险暴露场所。转移运送的物质，如组合烟花、爆竹，高氯酸钾、硝酸钾、氧化铜、硝酸钡等，镁铝合金粉、硫黄等，树脂、纸张、酒精等，黑火药及引线等，邻苯二甲酸氢钾等，火硝、硫黄等，是产生燃烧爆炸事故的能量来源，其总能大小与库存量有关，属于高危险物品。影响作业场所安全的危险作业和特种作业，包括值班员、保管员、守护员、搬运员、装（卸）货员等危险作业和电工特种作业。以上指标以“五高”风险清单的形式进行表达，见表 4-12。

7. 烟花爆竹经营门店单元

燃烧爆炸事故风险点固有风险指标、要素的筛选：燃烧爆炸事故与设备设施本质安全水平相关，属于高风险设备设施。该单元中的温度监测、湿度监测、视频监控设施、防雷设施接地电阻监测、监控系统接地电阻监测、排风扇电源接地电阻监测等的完好性反映了企业对烟花爆竹经营门店设备设施稳定性关键指标控制的可靠性，属于高风险工艺。受燃烧爆炸事故影响的暴露人员含经营门店附近的人员及经营门店销售人员，如顾客、销售员、卸货员、守护员等。经营门店中存放的物质，如组合烟花、爆竹等，是产生燃烧爆炸事故的能量来源，其总能大小与存放量有关，属于高危险物品。影响作业场所安全的危险作业和特种作业，包括值班员、保管员、守护员、搬运员、销售员、卸货员等危险作业和电工特种作业。以上指标以“五高”风险清单的形式进行表达，见表 4-13。

表 4-7 组合烟花生产“五高”固有风险指标

典型事故风险点	风险因子	要素	指标描述	特征值		依据
燃烧爆炸事故风险点	高风险设施	切纸	本质安全化水平	危险隔离(替代)		《烟花爆竹工程设计安全规范》(GB 50161—2009)
				故障安全	失误风险	
		卷筒			失误安全	
		压底泥			失误风险	
		组盆串引			失误安全	
		装黑火药			失误风险	
		原材料粉碎			失误安全	
		原材料筛选		故障风险	失误风险	
		机械混药			失误安全	
		亮珠造粒			失误风险	
		压药柱			失误安全	
		烘房			失误风险	
		联筒			失误安全	
	高风险工艺	监测监控系统	监测监控设施完好水平	温度监测	失效率	《烟花爆竹安全与质量》(GB 10631—2013)、《烟花爆竹安全技术规程》(GB 11652—2012)
				湿度监测	失效率	
				视频监控设施	失效率	
				防雷设施接地电阻监测	失效率	
				监控系统接地电阻监测	失效率	
				排风扇电源接地电阻监测	失效率	

续表

<table>
<tr><th>典型事故风险点</th><th>风险因子</th><th>要素</th><th>指标描述</th><th colspan="2">特征值</th><th>依据</th></tr>
<tr><td rowspan="18">燃烧爆炸
事故风险点</td><td rowspan="12">高风险场所</td><td>装黑火药工房</td><td rowspan="12">人员风险
暴露</td><td colspan="2" rowspan="12">场所人员暴露指数</td><td rowspan="12">《危险化学品重大
危险源辨识》
（GB 18218—2018）、
《爆炸危险场所
防爆安全导则》
（GB/T 29304—2012）</td></tr>
<tr><td>仓库或其他操作工房</td></tr>
<tr><td>混药工房</td></tr>
<tr><td>亮珠筛选工房</td></tr>
<tr><td>亮珠晾晒专用场</td></tr>
<tr><td>烘房</td></tr>
<tr><td>调湿药工房</td></tr>
<tr><td>蘸药（点尾）工房</td></tr>
<tr><td>亮珠包装工房</td></tr>
<tr><td>内筒装药封口工房</td></tr>
<tr><td>组装工房</td></tr>
<tr><td>包装成箱/褙皮工房</td></tr>
<tr><td rowspan="4">高风险物品
（能量）</td><td colspan="2">高氯酸钾、硝酸钾、氧化铜、硝酸钡等</td><td>物质危险性</td><td>燃烧爆炸性</td><td rowspan="4">《烟花爆竹 安全与质量》
（GB 10631—2013）、
《烟花爆竹作业安全技术规程》
（GB 11652—2012）、
《危险化学品重大危险源辨识》
（GB 18218—2018）</td></tr>
<tr><td colspan="2">镁铝合金粉、硫黄等</td><td>物质危险性</td><td>燃烧爆炸性</td></tr>
<tr><td colspan="2">树脂、纸张、酒精等</td><td>物质危险性</td><td>易燃性</td></tr>
<tr><td colspan="2">黑火药及引线等</td><td>物质危险性</td><td>爆炸性</td></tr>
<tr><td rowspan="2">高风险作业</td><td>危险作业</td><td rowspan="2">高风险
作业种类</td><td colspan="2">值班员、保管员、守护员</td><td rowspan="2">特种作业人员安全
技术培训考核管理规定</td></tr>
<tr><td>特种作业</td><td colspan="2">搬运作业、造粒作业、切引作业、装药作业
电工作业</td></tr>
</table>

表 4-8　内筒效果件生产“五高”固有风险指标

典型事故风险点	风险因子	要素	指标描述	特征值		依据
燃烧爆炸事故风险点	高风险设施	原材料粉碎	本质安全化水平	危险隔离（替代）		《烟花爆竹工程设计安全规范》（GB 50161—2009）
				故障安全	失误风险	
		原材料筛选			失误安全	
					失误风险	
		自动装药			失误安全	
		亮珠造粒			失误风险	
		亮珠筛选			失误安全	
		晒坪		故障风险	失误风险	
		阳光棚			失误安全	
	高风险工艺	监测监控系统	监测监控设施完好水平	温度监测	失效率	《烟花爆竹 安全与质量》（GB 10631—2013）、《烟花爆竹作业安全技术规程》（GB 11652—2012）
				湿度监测	失效率	
				视频监控设施	失效率	
				防雷设施接地电阻监测	失效率	
				监控系统接地电阻监测	失效率	
				排风扇电源接地电阻监测	失效率	
	高风险场所	原材料粉碎、筛选、称量工房等	人员风险暴露	场所人员暴露指数		《爆炸危险场所防爆安全导则》（GB/T 29304—2012）、《危险化学品重大危险源辨识》（GB 18218—2018）
		人工称量、配制、混药、调湿药、蘸药（点尾）、内筒装药封口等				
		亮珠造粒、亮珠筛选晒坪、阳光棚等				

续表

典型事故风险点	风险因子	要素	指标描述	特征值		依据
燃烧爆炸事故风险点	高风险物品（能量）	高氯酸钾、硝酸钾、氧化铜、硝酸钡等		物质危险性	燃烧爆炸性	GB 10631—2013、GB 11652—2012、GB 18218—2018
		化工原材料、树脂、纸张、酒精等		物质危险性	燃烧爆炸性	
		高氯酸钾、硫黄、铝粉、效果药（碳酸锶、氧化铜）等		物质危险性	易燃性	
	高风险作业	危险作业	高风险作业种类	值班员、保管员、守护员、搬运员		特种作业人员安全技术培训考核管理规定
				粉碎作业、配药作业、混合作业、装药作业、造粒作业、筛选作业等		
		特种作业		电工作业		

表 4-9　烟花爆竹制作生产“五高”固有风险指标

典型事故风险点	风险因子	要素	指标描述	特征值		依据
燃烧爆炸事故风险点	高风险设施	卷筒	本质安全化水平	危险隔离（替代）		《烟花爆竹工程设计安全规范》（GB 50161—2009）
		切饼		故障安全	失误风险	
		空筒插引或注引			失误安全	
		原材料粉碎筛选			失误风险	
		自动装药			失误安全	
		结鞭		故障风险	失误风险	
					失误安全	

续表

典型事故风险点	风险因子	要素	指标描述	特征值		依据
燃烧爆炸事故风险点	高风险工艺	监测监控系统	监测监控设施完好水平	温度监测	失效率	GB 10631—2013、GB 11652—2012
				湿度监测	失效率	
				视频监控设施	失效率	
				防雷设施接地电阻监测	失效率	
				监控系统接地电阻监测	失效率	
				排风扇电源接地电阻监测	失效率	
	高风险场所	装黑火药工房	人员风险暴露	场所人员暴露指数		GB 18218—2018、GB/T 29304—2012
		原材料称量				
		人工药混合				
		调湿药				
		蘸药(点尾)				
		内筒装药封口				
		组装				
		包装成箱/稍皮				
	高风险物品(能量)	火硝(硝酸钾)或氯酸钾等		物质危险性	燃烧爆炸性	GB 10631—2013、GB 11652—2012、GB 18218—2018
		硫黄等		物质危险性	燃烧爆炸性	
		引线等		物质危险性	爆炸性	
	高风险作业	危险作业		值班员、保管员、守护员		特种作业人员安全技术培训考核管理规定
				搬运作业、造粒作业、切引作业、装药作业		
		特种作业		电工作业		

表 4-10 烟花爆竹引火线制作生产“五高”固有风险指标

典型事故风险点	风险因子	要素	指标描述	特征值		依据
燃烧爆炸事故风险点	高风险设施	原材料粉碎、筛选	本质安全化水平	危险隔离（替代）		《烟花爆竹工程设计安全规范》（GB 50161—2009）
				故障安全	失误风险	
		药混			失误安全	
		制引火线				
		漆引（牵引）				
		绕引		故障风险	失误安全	
		切、割引火线			失误风险	
	高风险工艺	监测监控系统	监测监控设施完好水平	温度监测	失效率	GB 10631—2013、GB 11652—2012
				湿度监测	失效率	
				视频监控设施	失效率	
				防雷设施接地电阻监测	失效率	
				监控系统接地电阻监测	失效率	
				排风扇电源接地电阻监测	失效率	
	高风险场所	引线原材料称量	人员风险暴露	场所人员暴露指数		GB 18218—2018、GB/T 29304—2012
		引线浆硝				
		引线干燥				
		引火线包装				
		引线库				
	高风险物品（能量）	高氯酸钾、硝酸钡、邻苯二甲酸氢钾等		物质危险性	燃烧爆炸性	GB/T 29304—2012 GB 11652—2012、 GB 18218—2018
		火硝、硫黄等		物质危险性		
	高风险作业	危险作业		值班员、保管员、守护员		特种作业人员安全技术培训考核管理规定
				搬运作业、造粒作业、切引作业、装药作业		
		特种作业		电工作业		

表 4-11 烟花爆竹配送运输“五高”固有风险指标

典型事故风险点	风险因子	要素	指标描述	特征值		依据
燃烧爆炸事故风险点	高风险设备	车辆	本质安全化水平	故障安全	失误安全	《烟花爆竹工设计安全规范》(GB 50161—2009)、《烟花爆竹作业安全技术规程》(GB 11652—2012)
					失误风险	
				故障风险	失误安全	
					失误风险	
	高风险工艺	监测监控系统	监测监控设施完好水平	温度监测	失效率	
				湿度监测	失效率	
				视频监控设施	失效率	
				防雷设施接地电阻监测	失效率	
				监控系统接地电阻监测	失效率	
				排风扇电源接地电阻监测	失效率	
	高风险场所	公路、市民	人员风险暴露	场所人员暴露指数		GB 18218—2018、GB/T 29304—2012
	高风险物品（能量）	高氯酸钾、硝酸钾、氧化铜、硝酸钡等		物质危险性	燃烧爆炸性	GB 10631—2013、GB 11652—2012、GB 18218—2018
		镁铝合金粉、硫黄等				
		树脂、纸张、酒精等烟花爆竹				
		黑火药及引线等				
		邻苯二甲酸氢钾等				
		火硝等				
	高风险作业	危险作业	高风险作业种类数	驾驶员		特种作业人员安全技术培训考核管理规定
				押运员		
				装货员		
				搬运员		

表 4-12 烟花爆竹企业仓库或中转库“五高”固有风险指标

典型事故风险点	风险因子	要素	指标描述	特征值		依据
燃烧爆炸事故风险点	高风险设施	转运车辆	动力方式	人力	分档	GB 50161—2009、GB 10631—2013
			车辆类型	人力板车、人力手推车	分档	
	高风险工艺	监测监控系统	监测监控设施完好水平	温度监测	失效率	
				湿度监测	失效率	
				视频监控设施	失效率	
				防雷设施接地电阻监测	失效率	
				监控系统接地电阻监测	失效率	
				排风扇电源接地电阻监测	失效率	
	高风险场所	维修车间	人员风险暴露	场所人员暴露指数		GB 18218—2018、GB/T 29304—2012
		开票区				
		宿舍区				
		试放区				
		销毁场所				
	高风险物品（能量）	组合烟花		物质危险性	燃烧爆炸性	GB 10631—2013、GB 11652—2012
		爆竹				
		高氯酸钾、硝酸钾、氧化铜、硝酸钡等				
		镁铝合金粉等				
		树脂、纸张、酒精等				
		黑火药及引线等				
		邻苯二甲酸氢钾等				
		火硝硫黄等				

续表

典型事故风险点	风险因子	要素	指标描述	特征值	依据
燃烧爆炸事故风险点	高风险作业	特种作业	高风险作业种类	值班员	特种作业人员安全技术培训考核管理规定
				保管员	
				守护员	
				搬运员	
				装(卸)货员	

表 4-13 烟花爆竹经营门店“五高”固有风险指标

典型事故风险点	风险因子	要素	指标描述	特征值		依据
燃烧爆炸事故风险点	高风险工艺	监测监控系统	监测监控设施完好水平	温度监测	失效率	GB 50161—2009、GB 10631—2013
				湿度监测	失效率	
				视频监控设施	失效率	
				防雷设施接地电阻监测	失效率	
				监控系统接地电阻监测	失效率	
				排风扇电源接地电阻监测	失效率	
	高风险场所	经营门店	人员风险暴露	场所人员暴露指数		GB 18218—2018、GB/T 29304—2012
	高风险物品（能量）	组合烟花		物质危险性	燃烧爆炸性	GB 10631—2013、GB 11652—2012
		爆竹				
	高风险作业	特种作业	高风险作业种类	值班员、保管员、守护员		特种作业人员安全技术培训考核管理规定
				卸货员、搬运员、销售员		
				电工特种作业		

二、单元风险管控指标“1”

企业安全管理现状反映其整体安全程度，将企业整体安全程度表征单元风险管控指标。风险管控指标主要体现的是事故风险频率的变化，主要是通过企业的安全管控等级来体现，管控等级分为一级、二级、三级、四级。结合企业安全生产标准化达标等级来确定，安全标准化达标等级可以看作四级：即一级、二级、三级为达标管控等级，四级为未达标管控等级，以此类推。

用安全生产标准化等级来衡量企业安全管控的水平。《企业安全生产标准化基本规范》（GB/T 33000—2016）规定，企业应根据自身安全生产实际，从目标职责、制度化管理、教育培训、现场管理、安全风险管控及隐患排查治理、应急管理、事故管理、持续改进 8 个要素内容实施标准化管理。安全生产标准化等级划分方法，见表 4-14。

表 4-14　安全生产标准化等级划分

企业安全生产标准化分值	企业安全生产标准化等级
90～100	一级
75～89	二级
60～74	三级
60 以下	四级(不达标)

高危风险管控指标调控规则指的是：按照 8 个要素内容，用企业安全生产标准化的分值来衡量企业事件风险管控等级。

三、单元风险动态指标“N”

“五高”风险指标体系是动态变化的，会随着科学技术、经济社会的发展以及物联网事故大数据分析结果而改变。其动态风险调整指标主要包括高危风险监测特征指标、事故隐患动态指标、高危风险物联网指标、特殊时期动态指标以及自然环境的动态指标等。其中，高危风险监测特征指标主要是指工艺系统的监测指标，如温度、湿度、库存量、堆垛高度、接地电阻等；事故隐患动态指标侧重隐患排查系统中隐患的整改率、事故隐患的等级；高危风险物联网指标主要是指同类型事故的发生率；特殊时期动态指标指的是节假日，国家、地方重要活动；自然环境指标指的是气象数据、地质环境、地震烈度等。在每一大类里面，各个单元分别确定适合本单元的子指标。[5]

同样，烟花爆竹企业安全状态是动态变化的，会随着烟花爆竹风险单元关键监测指标、管控状态、特殊时期、外部自然环境以及物联网大数据分析结果而变化。为准确反映烟花爆竹安全风险的实时状态，本研究建立了烟花爆竹燃烧爆炸事故风险点动态风险指标体系“N”。

动态风险指标体系重点从高危风险监测特征修正系数、安全生产基础管理动态修正系数、特殊时期动态指标、高危风险物联网指标、自然环境等方面分析指标要素与特征值，构建指标体系。

动态指标、要素的筛选。高危风险监测特征指标的主要依据是《烟花爆竹企业安全监控系统通用技术条件》（AQ 4101—2008)、《烟花爆竹作业安全技术规程》（GB 11652—2012)、《烟花爆竹工程设计安全规范》（GB 50161—2009）等。这些标准要求烟花爆竹企业安装监测监控在线系统，尽快实现对混药、装药等建筑物危险等级 1.1 级工房和现场作业人员多的建筑物危险等级 1.3 级工房的视频监控。安全生产基础管理动态指标包含事故隐患动态指标，主要指安全生产管理体系与现场管理的动态变化，用排查出的一般事故隐患与重大事故隐患来衡量；特殊时期指标，如国家或地方重要活动、法定节假日，应对该区域提出升级管控的要求；物联网大数据分析国内外典型同类生产事故案例引发事故，该时期内应重视自身企业运营状态的安全性；自然灾害的波动对企业风险的扰动。

(1) 高危风险监测特征指标包括温度监测、湿度监测、可燃气体监测报警、有毒气体监测报警、视频监控设施、避雷设施接地电阻监测、排风扇电源接地电阻监测、存放量、堆垛高度等动态安全生产在线监测指标。

(2) 安全生产基础管理指标（含事故隐患动态指标)。将其划分为一般事故隐患和重大事故隐患来评判。

(3) 特殊时期指标指法定节假日、国家或地方重要活动等时期。

(4) 高危风险物联网指标指近期国内外发生的典型同类事故。

(5) 自然环境指标指区域内发生气象、地震、地质等灾害。

用以上 5 项风险因子对烟花爆竹生产经营单元风险进行适时修正，分析指标要素与特征值，构建指标体系框架。以上指标以动态风险清单的形式进行表达，见表 4-15。

表 4-15　花爆竹生产企业“五高”动态指标

<table>
<tr><th>事故风险点</th><th>风险因子</th><th>要素</th><th>指标描述</th><th>特征值</th><th>依据</th></tr>
<tr><td rowspan="25">火灾爆炸事故风险点</td><td rowspan="10">高危风险监测特征指标</td><td rowspan="10">监测监控系统</td><td rowspan="10">监测监控指标</td><td>温度监测</td><td rowspan="10">《烟花爆竹安全与质量》(GB 10631—2013)
《烟花爆竹工程设计安全规范》(GB 50161—2009)
《烟花爆竹作业安全技术规程》(GB 11652—2012)</td></tr>
<tr><td>湿度监测</td></tr>
<tr><td>可燃气体监测</td></tr>
<tr><td>有毒气体监测</td></tr>
<tr><td>视频监控设施电阻监测</td></tr>
<tr><td>避雷设施电阻监测</td></tr>
<tr><td>排风扇电阻监测</td></tr>
<tr><td>存放量</td></tr>
<tr><td>堆垛高度</td></tr>
<tr><td>其他</td></tr>
<tr><td rowspan="3">安全生产基础管理动态指标</td><td>安全生产管理体系</td><td>安全保障(制度、人员、机构、培训、应急、隐患排查、风险管理、事故管理)</td><td>事故隐患等级/分档(国家安监总局令第 16 号)</td><td rowspan="3">《企业安全生产标准化基本规范》(GB/T 33000—2016)</td></tr>
<tr><td rowspan="2">现场管理</td><td>设备设施</td><td>事故隐患等级/分档</td></tr>
<tr><td>作业行为</td><td>事故隐患等级/分档</td></tr>
<tr><td rowspan="3">特殊时期指标</td><td colspan="3">国家或地方重要活动</td><td rowspan="3">—</td></tr>
<tr><td colspan="3">法定节假日</td></tr>
<tr><td colspan="3">相关重特大事故发生</td></tr>
<tr><td>高危风险物联网指标</td><td>国内外典型案例库</td><td colspan="2">实时追踪更新</td><td>—</td></tr>
<tr><td rowspan="3">自然环境</td><td>气象灾害</td><td colspan="2">暴雨、暴雪、降水量</td><td>《灾害性天气预报警报指南》(GBT 27966—2011)</td></tr>
<tr><td>地震灾害</td><td colspan="2">地震烈度</td><td>《建筑抗震鉴定标准》(GB 50023—2009)</td></tr>
<tr><td>地质灾害</td><td colspan="2">如崩塌、滑坡、泥石流、地裂缝等</td><td>《地质灾害分类分级标准(试行)》(T/CAGHP001—2018)</td></tr>
<tr><td rowspan="2">综合治理</td><td>改造</td><td colspan="2">如库内部安全距离不符合</td><td rowspan="2">《烟花爆竹工程设计安全规范》(GB 50161—2009)</td></tr>
<tr><td>搬迁</td><td colspan="2">如库外部安全距离不符合</td></tr>
</table>

第四节 单元“5+ 1+ N”固有风险指标计量模型

一、固有风险指标“5”

(一) 风险点固有风险指标

风险点事故风险的固有危险指数(h)受下列因素影响:

① 设备本质安全化水平;

② 监测监控失效率水平(体现工艺风险);

③ 物质危险性;

④ 场所人员风险暴露;

⑤ 高风险作业危险性。

1. 高风险设备固有危险指数(h_s)

高风险设备的固有危险指数以风险点设备设施本质安全化水平作为赋值依据,表征风险点生产设备设施防止事故发生的技术措施水平,取值范围为1.1~1.7,按表4-16取值。

表4-16 风险点固有危险指数(h_s)

类型		取值
危险隔离(替代)		1.0
故障安全	失误安全	1.2
	失误风险	1.4
故障风险	失误安全	1.3
	失误风险	1.7

2. 高风险物质危险指数(M) [6]

M 值由风险点高风险物品的火灾、爆炸、毒性、能量等特性确定,采用高风险物品的实际存在量与临界量的比值及对应物品的危险特性修正系数的乘积值作为分级指标，根据分级结果确定 M 值。风险点高风险物品 m 值按式（4-2）计算：

$$m=\sum_{i=1}^{n}\beta_i\frac{q_i}{Q_i}=\beta_1\frac{q_1}{Q_1}+\beta_2\frac{q_2}{2Q_2}+\cdots+\beta_n\frac{q_n}{Q_n} \tag{4-2}$$

式中 q_1，q_2，…，q_n——每种高风险物品实际存在（在线）量，t；

Q_1，Q_2，…，Q_n——与各高风险物品相对应的临界量，t；

β_1，β_2，…，β_n——与各高风险物品相对应的修正系数。

根据《危险化学品名录》，烟花爆竹企业生产、储存、运输、经营销售的烟花爆竹产品属于第一类中的第 3 项和第 4 项，即 1.3 和 1.4，也就是除 1.1 项以外的其他爆炸品，通过查《危险化学品重大危险源辨识》（GB 18218—2018）得其单元临界量为 50t，具体危险化学品类别及其临界量（爆炸品部分）见表 4-17。

表 4-17　高风险物品临界量（Q_n）取值表

类别	危险性类别及说明	临界量/t
爆炸品	1.1A 项爆炸品	1
	除 1.1A 项外的其他 1.1 项爆炸品	10
	除 1.1 项外的其他项爆炸品	50

修正系数 β 的取值，见表 4-18。

表 4-18　高风险物品修正系数（β_n）取值表

类别	符号 β	修正系数
爆炸物	W1.1	2
	W1.2	2
	W1.3	2

注：未在表中列出的有毒气体可按 $\beta=2$ 取值，剧毒气体可按 $\beta=4$ 取值。

根据计算出来的 m 值，按表 4-19 确定烟花爆竹企业风险点高风险物品的级别，确定相应的 M 值，取值范围 1～9。

表 4-19　M 值赋值表

m/t	M 值
$m\geqslant100$	9

续表

m/t	M 值
$50 \leqslant m < 100$	7
$10 \leqslant m < 50$	5
$1 \leqslant m < 10$	3
$m < 1$	1

3. 高风险场所（E）

以风险点内暴露人数 P 来确定，按表 4-20 取值，取值范围为 1～9。

表 4-20　风险点暴露人员指数赋值表

暴露人数(P)	E 值
100 人以上	9
30～99 人	7
10～29 人	5
3～9 人	3
0～2 人	1

4. 高风险工艺修正系数（K_1）

由监测监控设施失效率修正系数 K_1 表征，见式(4-3)：

$$K_1 = 1 + l \tag{4-3}$$

式中　l——监测监控设施失效率的平均值。

5. 高风险作业危险性修正系数（K_2）

由危险性修正系数 K_2 表征，见式(4-4)：

$$K_2 = 1 + 0.05t \tag{4-4}$$

式中　t——风险点涉及高风险作业种类数。

6. 风险点固有危险指数（h）

风险点危险指数 h 按式(4-5) 计算：

$$h = h_s MEK_1K_2 \tag{4-5}$$

式中　h_s——风险点固有危险指数；

M——高风险物质危险系数；

E——高风险场所人员暴露指数；

K_1——高风险工艺修正系数；

K_2——高风险作业危险性修正系数。

（二）单元固有危险指数（*H*）

单元区域内固有危险指数 H 为若干风险点固有危险指数的场所人员暴露指数加权累计值，按照公式(4-6) 计算得出。

$$H=\sum_{i=1}^{n}h_i(E_i/F) \tag{4-6}$$

式中 h_i——单元内第 i 个风险点固有危险指数；

E_i——单元内第 i 个风险点场所人员暴露指数；

F——单元内各风险点场所人员暴露指数累计值；

n——单元内风险点数。

烟花爆竹企业单元固有风险危险指数预警分析模型，是指在全面辨识分析反映企业“五高”的风险指标的基础上，通过隐患排查、风险管理及仪器仪表监控等安全方法及工具，提前发现、分析和判断影响企业生产安全风险、可能引发重大事故的风险信息，定量化表示和分析企业生产安全风险状态，及时发布生产安全风险预警信息，提醒企业负责人及全体员工注意，使分析具体、及时，从而有针对性地采取预防措施控制事态发展，最大限度地降低事故发生概率及后果严重程度。

二、单元风险频率指标“1”

根据安全生产标准化专业评定标准，初始安全生产标准化等级满分为 100 分，一级为最高。单元初始高危风险管控频率指标用企业安全生产管控标准化程度来衡量，即采用单元安全生产标准化分数考核办法来衡量单元固有风险初始引发事故的概率。以单元安全生产标准化得分的倒数作为单元高危风险管控频率指标。单元初始高危风险管控频率按式(4-7) 计算：

$$G=100/v \tag{4-7}$$

式中 G——单元初始高危风险管控频率；

v——安全生产标准化自评/评审分值。

三、现实风险动态修正指标“N”

现实风险动态修正指标实时修正单元初始高危安全风险（R_0）或风险点固有危险指数（h）。主要包括高危风险监测监控特征指标（K_3）、事故隐患动态指标（安全生产基础管理动态指标，B_S）、特殊时期指标、高危风险物联网指标和自然环境等。

1. 高危风险监测特征指标修正系数（K_3）

高危风险监测特征指标修正系数指与安全生产紧密相关的动态在线监测数据，如温度、湿度、总量、高度等。

用高危风险监测特征指标修正系数修正风险点固有危险指数。在线监测项目实时报警分一级报警（低报警）、二级报警（中报警）和三级报警（高报警）。当在线监测项目达到 3 项一级报警时，记为 1 项二级报警；当监测项目达到 2 项二级报警时，记为 1 项三级报警。由此，设定一、二、三级报警的权重分别为 1、3、6，归一化处理后的系数分别为 0.1、0.3、0.6，即报警信号修正系数，按式(4-8) 计算：

$$K_3 = 1 + 0.1a_1 + 0.3a_2 + 0.6a_3 \tag{4-8}$$

式中　K_3——高危风险监测特征指标修正系数；

a_1——实时一级报警（低报警）项数；

a_2——实时二级报警（中报警）项数；

a_3——实时三级报警（高报警）项数。

2. 事故隐患动态指标（B_S）

事故隐患动态指标主要包括事故隐患等级、事故隐患整改率 2 项指标。

(1) 事故隐患等级（I_1）　分为一般隐患和重大隐患。不同等级的隐患的对应分值如表 4-21 所示。

表 4-21　不同等级事故隐患对应分值（b_n）

序号	不同隐患等级(B_n)	对应分值(b_n)
1	重大隐患	1
2	一般隐患	0.1

事故隐患等级按式(4-9) 计算：

$$I_1=B_1b_1+B_2b_2 \tag{4-9}$$

式中 I_1——隐患等级的计算结果；

B_1——重大隐患对应数量；

B_2——一般隐患对应数量；

b_1——重大隐患对应分值；

b_2——一般隐患对应分值。

(2) 隐患整改率 (I_2)　隐患整改率不同，对应分值如表 4-22 所示。

事故隐患整改率按式(4-10) 计算：

$$I_2=B_1b_1c_{n_1}+B_2b_2c_{n_2} \tag{4-10}$$

式中 I_2——隐患整改率的计算结果；

c_{n_1}——重大隐患整改率对应的分值，$n_1=1$，2，3，4，5；

c_{n_2}——一般隐患整改率对应的分值，$n_2=1$，2，3，4，5。

表 4-22　不同隐患整改率对应分值

序号	隐患整改率	对应分值(c_n)
1	等于 100%	0
2	大于或等于 80%,且小于 100%	0.2
3	大于或等于 50%,且小于 80%	0.4
4	大于或等于 30%,且小于 50%	0.6
5	小于 30%	0.8

(3) 指标权重确定　根据历史安全数据、事故情况等，各指标在安全生产基础管理动态修正系数体系中的相对重要程度，确定各指标对 B_S 的权重赋值。具体各指标权重值 (W_n) 见表 4-23。

表 4-23　事故隐患各动态指标对应权重 W_n

序号	事故隐患动态指标类型	W_n
1	事故隐患等级	0.4
2	事故隐患整改率	0.6

(4) 安全生产基础管理动态指标 (B_S)　通过指标量化值及其指标权重，建立数学模型，得出 B_S 值。事故隐患动态数据对安全风险产生负向影响。

安全生产基础管理动态指标 (B_S) 对安全生产基础管理状态的生成，根据其指标对安全生产基础管理状态状况的影响，产生正向和负向的系数影响。即有利于事故预防、安全管理的指标项在公式中属于负向的系数，不利于事故预防、安全管理的指标项公式中属于正向的系数。

其计算按式(4-11)

$$B_S = I_1 W_1 + I_2 W_2 \tag{4-11}$$

式中 B_S——安全生产基础管理动态指标；

W_n——各指标所对应的权重，$n=1$，2。

3. 特殊时期指标修正

特殊时期指国家法定节假日、国家或地方重要活动等时期。在该时期内，对初始的单元现实风险（R）升高一挡。

4. 高危风险物联网指标修正

高危风险物联网指标指近期本单元发生生产事故以及国内外发生的典型同类事故。对初始的单元现实风险（R）升高一挡。

5. 自然环境指标修正

自然环境指区域内发生气象、地震、地质等灾害。对初始的单元现实风险（R）升高一挡。

四、单元现实风险（R_N）

1. 风险点固有危险指数动态监测指标修正值（h_d）

高危风险动态监测特征指标修正系数对风险点固有风险指标进行动态修正，见式(4-12)：

$$h_d = hK_3 \tag{4-12}$$

式中 h_d——风险点固有危险指数动态监测指标修正值；

h——风险点固有危险指数；

K_3——高危风险监测特征指标修正系数。

2. 单元固有危险指数动态修正值（H_D）

单元区域内存在若干个风险点，根据安全控制论原理，单元固有危险指数动态修正值（H_D）为若干风险点固有危险指数动态监测指标修正值（h_{di}）与场所人员暴露指数加权累计值。H_D 按式(4-13) 计算：

$$H_D=\sum_{i=1}^{n}h_{di}(E_i/F) \tag{4-13}$$

式中 H_D——单元固有危险指数动态修正值；

h_{di}——单元内第 i 个风险点固有危险指数动态监测指标修正值；

E_i——单元内第 i 个风险点场所人员暴露指数；

F——单元内各风险点场所人员暴露指数累计值；

n——单元内风险点数。

3. 单元初始高危安全风险修正值（R_{0d}）

单元初始高危安全风险按式(4-14) 计算：

$$R_{0d}=GH_D \tag{4-14}$$

式中 R_{0d}——单元初始高危安全风险值修正值；

G——单元风险管控频率指数值；

H_D——单元固有危险指数动态修正值。

4. 单元现实风险（R_N）

单元现实风险（R_N）按式(4-15) 计算：

$$R_N=R_{0d}B_S \tag{4-15}$$

式中 R_{0d}——单元初始高危安全风险修正值；

B_S——安全生产基础管理动态修正系数。

若单元存在重大事故隐患，单元现实风险（R_N）直接判定为Ⅰ级（红色预警）。

动态修正之前单元现实风险等于单元初始风险，即 $R_N=R_{0d}$；单元现实风险（R_N）为现实风险动态修正指标对单元初始高危安全风险（R_{0d}）进行修正的结果。

经风险管控指标调控后的安全风险作为最终的单元现实风险。通过定量化风险评估方法，确定单元现实风险分级标准见表 4-24。

表 4-24 烟花爆竹企业单元“五高”风险等级标准

单元现实风险(R_N)	预警信号	风险等级符号
$R_N \geqslant 85$	红	Ⅰ级

续表

单元现实风险(R_N)	预警信号	风险等级符号
$85>R_N\geqslant 50$	橙	Ⅱ级
$50>R_N\geqslant 30$	黄	Ⅲ级
$30>R_N$	蓝	Ⅳ级

第五节　风险聚合

一、企业整体风险（R）

企业整体风险（R）由企业内单元现实风险最大值确定，企业整体风险等级按照表 4-24 的标准进行风险等级划分，按式(4-16) 计算：

$$R=\max(R_{Ni}) \tag{4-16}$$

式中　R——企业整体风险；

R_{Ni}——第 i 个企业的整体风险。

二、区域风险

内梅罗指数法具有数学过程简捷、运算方便、物理概念清晰等优点，并且该法特别考虑了最严重的因子影响，内梅罗指数法在加权过程中避免了权系数中主观因素的影响。为了便于风险分级标准的统一化，区域风险值同样采用内梅罗指数法计算。

1. 县（区）级风险（R_C）

根据各企业整体综合风险（R_{Ni}），从中找出最大风险值 $\max(R_{Ni})$ 和平均值 $\mathrm{ave}(R_{Ni})$，按照内梅罗指数的基本计算公式，县（区）级风险（R_C）按式(4-17) 计算：

$$R_C=\sqrt{\frac{\max(R_{Ni})^2+\mathrm{ave}(R_{Ni})^2}{2}} \tag{4-17}$$

式中 R_{C}——县（区）级区域风险值；

R_{Ni}——县（区）级区域内第 i 个企业的整体风险值；

$\max(R_{Ni})$——区域内企业整体风险值中最大者；

$\text{ave}(R_{Ni})$——区域内企业整体风险值的平均值。

县（区）级风险等级按照表 4-24 的标准进行风险等级划分。

2. 市级风险（R_{M}）

根据各县（区）级风险（R_{C}），从中找出最大风险值 $\max(R_{Ci})$ 和平均值 $\text{ave}(R_{Ci})$，按照内梅罗指数的基本计算公式，市级风险（R_{M}）按式(4-18)计算：

$$R_{M}=\sqrt{\frac{\max(R_{Ci})^{2}+\text{ave}(R_{Ci})^{2}}{2}} \tag{4-18}$$

式中 R_{M}——市级区域风险值；

R_{Ci}——市级区域内第 i 个县（区）的区域风险值；

$\max(R_{Ci})$——市级区域内企业整体风险值中最大者；

$\text{ave}(R_{Ci})$——市级区域内企业整体风险值的平均值。

市级风险（R_{M}）按照表 4-24 的标准进行风险等级划分。

参考文献

[1] 姜旭初，姜威．金属非金属矿山风险管控技术[M]．北京：冶金工业出版社，2020.

[2] 刘诗飞，姜威．重大危险源辨识与控制[M]．北京：冶金工业出版社，2012.

[3] 李刚．烟花爆竹经营行业风险预警与管控研究[D]．武汉：中南财经政法大学，2019.

[4] 马洪舟．烟花爆竹生产企业爆炸事故风险评估及控制研究[D]．武汉：中南财经政法大学，2020.

[5] 徐克．基于重特大事故预防的“五高”风险管控体系[J]．武汉理工大学学校（信息与管理工程版），2017，39（6）：649-653.

[6] 罗聪，徐克，刘潜，赵云胜．安全风险分级管控相关概念辨析[J]．中国安全科学学报，2019，29（10）：43-50.

第五章 烟花爆竹企业风险辨识评估模型应用分析

因烟花爆竹生产、经营企业数据资料有限，烟花爆竹企业安全风险评估主要以典型生产企业（烟花爆竹产销有限责任公司）和典型经营企业（烟花爆竹有限公司）进行“五高”风险评估模型可行性分析，并对评估结果汇总分析。

第一节　××烟花爆竹产销有限责任公司

一、烟花爆竹生产情况

1. 产品类别

根据《烟花爆竹安全与质量》（GB 10631—2013）、《烟花爆竹组合烟花》（GB 19593—2015）、《烟花爆竹引火线》（GB 19595—2004）等标准，及其安全生产许可范围，该公司产品如下：

① C、D级组合烟花；

② C级爆竹；

③ 引火线（按用途属于爆竹引火线，按烟火药成分属于高氯酸盐引火线，目前只生产爆竹带引）。

2. 生产工艺流程

烟花爆竹生产工艺流程有22种：黑火药制造工艺流程、药物裸药效果件生产工艺流程、安全（皮纸）引线生产工艺流程、皮纸引生产工艺流程、皮纸引生产工艺流程、（单个）小礼花生产工艺流程、组合烟花（内筒型）生产工艺流程、升空类（火箭A、B级）生产工艺流程、升空类（小型火箭之一）生产工艺流程、喷花类生产工艺流程、吐珠类生产工艺流程、结鞭类爆竹生产工艺流程、礼花弹（球型，包括球型小礼花）生产工艺流程、线香类（涂敷型）生产工艺流程、烟雾类生产工艺流程、架子烟花生产工艺流程、旋转类（无轴、有轴）生产工艺流程、旋转升空类（无翅、有翅）生产工艺流程、造型玩具类生产工艺流程、摩擦类（砂炮、圣诞烟花、红环）生产流程工艺图、线香（包裹药型）类生产工艺流程、电点火头生产工艺流程[1,4]。

根据湖北省烟花爆竹生产实际情况，结合烟花爆竹生产工艺流程特点，选择具有代表性的组合烟花生产工艺流程、内筒效果件生产工艺流程、爆竹引火线生产工艺流程、爆竹生产工艺流程进行研究应用。

3. 原材料

C、D级组合烟花、C级爆竹、爆竹引火线生产使用的化工原材料为高氯酸钾、炭粉、硫黄、铝粉、引火线、黑火药、硝酸钡、碳酸锶、氧化铜等，使用的其他原辅材料有瓦楞纸箱、牛皮纸、黄土等。原辅材料见表5-1、表5-2、表5-3。

表 5-1 烟花原辅材料一览表

序号	名称	类别	最大储存量/t
1	黑火药	爆炸品	1(110# 工房)
2	引火线	爆炸品	1(112# 工房,爆炸引火线自产自用)
3	高氯酸钾	5.1类氧化剂	5(115# 工房)
4	硝酸钾	5.1类氧化剂	
5	硫黄	4.1类易燃固体	
6	铝粉	4.3类遇湿易燃物品	
7	镁铝合金粉	焰色剂(白)	
8	氧化铜	焰色剂(绿)	
9	硝酸钡	焰色剂(黄绿)	
10	碳酸锶	焰色剂(洋红)	
11	钛粉	焰色剂(白)	
12	氟硅酸钠	焰色剂(黄)	
13	酚醛树脂	黏合剂	
14	黄土	黏合剂	若干
15	封口剂	封口剂	若干
16	瓦楞纸箱	可燃物	若干

表 5-2 爆竹原辅材料一览表

序号	名称	类别	最大储存量/t
1	高氯酸钾	5.1类氧化剂	1(114# 工房)
2	硫黄	4.1类易燃固体	
3	铝粉	4.3类遇湿易燃物品	

续表

序号	名称	类别	最大储存量/t
4	封口剂瓦	封口剂	若干
5	瓦楞纸箱	可燃物	若干
爆竹采用机械空筒注引，带引自产自用			

表 5-3 引火线原辅材料一览表

序号	名称	类别	最大储存量/t
1	高氯酸钾	5.1类氧化剂，包装为Ⅱ类	1(1$^{\#}$工房)
2	笛音剂(主要成分为邻苯二甲酸氢钾、间苯二甲酸氢钾、对苯二甲酸氢钾)	笛音剂	
3	防潮胶水(主要成分为聚乙烯醇)	黏合剂	
4	炭粉	可燃物	若干
5	纸	可燃物	若干
6	瓦楞纸箱	可燃物	若干

4. 主要生产设施设备及工具

(1) 生产设备 生产设备，见表 5-4。

表 5-4 生产区主要生产设备一览表

序号	设备名称	使用场所分类	数量 /(台/套)	备注
1	外筒泥底机	非危险场所	2	119$^{\#}$工房#
2	内筒泥底机	非危险场所	4	91$^{\#}$工房
3	粉碎机	F2	1	71$^{\#}$工房
4	烟花原材料筛选机	F2	1	85$^{\#}$工房
5	YBJYY-LHYJ-1 型自动混药机	F0	1	73$^{\#}$工房
6	滚筒造粒机	F0	2	75$^{\#}$工房、76$^{\#}$工房
7	切饼扎底一体机	非危险场所	3	31$^{\#}$工房、32$^{\#}$工房
8	爆竹原材料筛选机	F2	2	34$^{\#}$工房
9	注引机	F1	6	37$^{\#}$工房、39$^{\#}$工房、40$^{\#}$工房
10	HT-BZ01 型爆竹自动装药机	F0	2	41$^{\#}$工房、42$^{\#}$工房
11	结鞭机	F1	30	31$^{\#}$-32$^{\#}$工房
12	制引机	F1	8	10$^{\#}$工房、13$^{\#}$工房

(2) 生产工具　生产工具见表5-5。

表5-5　烟花生产区生产工具清单

序号	名称	数量	材质	备注
1	锥子	25	木柄	组盆安引
2	棕刷	25	棕	组盆安引
3	钩子	20	木柄	装纸片
4	木棒	20	木	装纸片
5	铝匙	2	铝	装发射药、装内筒
6	装药模具	2	塑钢	装发射药、装内筒
7	秤	1	木、铝	原材料称量
8	铝瓢	15	铝	取药
9	筛子	20	木、铜、铝	亮珠筛选
10	铝盆铝桶	60	铝	混药、取药
11	晒架	20	木	亮珠晒场
12	药盘	300	竹	亮珠干燥
13	引火线架	320	木	引火线上架
14	手推车	45	橡皮轮	厂内运输

5. 安全、消防设施设备

(1) 防雷防静电　该公司设置了接闪杆。危险性建筑物均采用彩钢瓦屋面、门外墙外侧均设置了静电扶手。彩钢瓦屋面进行了接地。

34#筛选机工房、41#和42#爆竹自动混药机工房、43#和47#结鞭机工房、73#自动混药机工房、75#和76#造粒机工房等设备均进行了接地。

烟花生产区的82#工房、83#和109#装筑药工房、77#筛选工房等工作台面及地面铺设了导静电橡胶板；工作台面导静电橡胶板下垫有铜片进行接地。

2016年10月24日，利川市防雷中心对该公司防雷装置、防静电装置设备接地电阻进行了检测，出具了《防雷装置定期检测报告书》，各项检测值合格。

(2) 消防　根据《消防给水及消火栓系统技术规范》(GB 50974—2014)等规定及建筑物容积（123#成品库建筑面积为540m，容积不超过3000m^3），该公司室外消防用水量为15L/s，消防延续时间为3h，单次消防用水量为 162mL。

① 水消防系统。员工宿舍楼西侧有一口天然池塘，天然池塘的储水量约 $600m^3$；烟花生产区东侧及南侧为水渠，常年有水。天然池塘及水渠均可以用于消防供水。该厂区建设有高位水池 2 个（容积约 $50m^3$），配备了消防泵 1 台。厂区及库区工设置有 SN65 型消火栓 17 座，各消火栓附近配备有消防水带、消防水枪。

② 灭火器：生产区及库区配备了 MFZABC4 等型号的手提式磷酸铵盐干粉灭火器 80 具。

③ 生产区危险性工房附近设置有小水池、水龙头，提供清洗工作场所生产工具的用水和消防水。

④ 41#、42#爆竹自动装药机混药间前后的运输皮带上方设置了水袋作为雨淋灭火设施。

2017 年 1 月 20 日，利川市公安局忠路派出所对该公司进行了消防安全检查，并出具了《消防安全检查意见书》："经检查，该场所符合消防安全条件"，并提出了意见：消防设施应当定期维护保养，保证完整有效；经本次消防验收的消防设施，如需变动，应当重新申报。

(3) 安全防范　该公司采取"人防""物防""技防"相结合的安全防范措施。厂区库区设置了门卫值班室，厂区周围设置了围墙（爆竹生产区与药物总库区之间部分陡峭山体处设置了铁丝网围墙）；设置了视频监控系统，配备了视频监控摄像头 100 个，监控主机 3 台。

(4) 安全警示标志　该公司各工库房设置了建构筑物标志牌。标志牌的内容包括工房名称、编号、定员、定量、负责人等内容。厂区库区围墙、工库房墙体设置了标语及各种安全警示标志。

6. 内外部最小允许距离

(1) 工程规划及功能分区　××烟花爆竹产销有限责任公司取得了《营业执照》《安全生产许可证》，为已有的烟花爆竹生产企业，符合城乡规划要求。根据总平面布置图，可分为非危险品生产区、危险品生产区、危险品总仓库区、燃放试验场区和销毁场、行政区。

行政区：行政区设置了办公室、食堂、门卫室、员工宿舍等建筑物。

非危险品生产区：该公司烟花爆竹空筒从厂外运至厂区，烟花外筒泥底、爆竹筒底处理设置在非危险品生产区。

① 烟花生产区设置了 117# 和 118# 空筒中转工房、119# 空筒筑底工房。

② 爆竹生产区设置了 31# 和 32# 工房用于筒底处理。

a. 危险品生产区　烟花生产区 71#—85# 工房主要用于亮珠生产、制作内筒效果件；98#—106# 工房、120# 工房和 121# 工房主要用于烟花组盆安引、装发射药、组装。

引火线生产区 4#—19# 工房用于爆竹引火线生产（其中：6#—9# 工房用于湿法制引，目前停用）。

b. 危险品总库区　设置了 123# 成品库，用于储存烟花、爆竹成品；设置了 111# 亮珠库、112# 引火线库、110# 黑火药库，用于亮珠、引火线、黑火药储存。

燃放试验场区和销毁场：总平面布置图中设置了 125# 燃放试验场区和销毁场。该公司四周设置了围墙，厂内设置有 2.5～4m 宽的运输道路，厂内运输通道将各区相连，与通往企业外的乡村公路相连。

危险品生产、药物储存设置在相对安全地带，设有门卫值班室，无关人员和货流不通过危险品生产区和药物总库区。

该公司周边未见采矿陷落（错动）区、爆破危险区，未见断层、暗河溶洞、流动层；危险品生产区所在地不属于山坡陡峭的狭窄沟谷。

(2) 外部最小允许距离

① 危险品生产区危险建筑物外部

烟花爆竹生产区安全距离见表 5-6；

引火线生产区安全距离见表 5-7。

表 5-6　烟花爆竹生产区外部安全距离

序号	外部目标	工房名称	危险等级	计算药量/kg	设计距离/m	规范距离/m	是否符合
1	东面零散住户(1户)	75# 造粒	1.1^{-1}	20	180	60	符合
2	南面零散住户(1户)	103# 包装	1.3	200	187	35	符合
3	西面药物总库区 112# 引火线库	120# 组盆安引	13	12	152	35	民房在山坡上，风险可接受

续表

序号	外部目标	工房名称	危险等级	计算药量/kg	设计距离/m	规范距离/m	是否符合
4	西面零散住户(1户)	$41^{\#}$自动化装药	1.1^{-1}	100	79.4	80	符合
5	西面零散住户(7户)	$41^{\#}$自动化装药	1.1^{-1}	100	142	80	符合
6	北面零散住户(5户)	$55^{\#}$包装车间	1.3	100	158	35	符合

表 5-7 引火线生产区危险工房外部安全距离

序号	外部建构筑物	工房名称	危险等级	计算药量/kg	设计距离/m	规范距离/m	是否符合
1	东面零散住户(1户)	$4^{\#}$炭粉筛选	1.3	50	92	35	符合
2	东面零散住户(5户)	$18^{\#}$引线中转库	1.1^{2}	100	116	80	符合
3	南面零散住户(4户)	$13^{\#}$制引	1.1^{-2}	30	72	65	符合
		$14^{\#}$晒场	1.1^{-2}	30	69	65	符合

② 危险品仓库区外部最小允许距离

烟花爆竹成品库区外部环境安全距离见表5-8；

药物总库区外部环境安全距离见表5-9。

表 5-8 成品库区外部安全距离

序号	外部建构筑物	工房名称	危险等级	计算药量/kg	设计距离/m	规范距离/m	是否符合
1	东面生产区、零散住户(1户)	$123^{\#}$成品仓库	1.3	5400	＞300	55	符合
2	西面零散住户(1户)	$123^{\#}$成品仓库	1.3	5400	94	55	符合
3	北面员工宿舍(5人)	$123^{\#}$成品仓库	1.3	5400	56	55	符合
4	北面零散住户(4户)	$123^{\#}$成品仓库	1.3	8000	146	55	符合

表 5-9 药物总库区危险工房外部安全距离

序号	外部建构筑物	工房名称	危险等级	计算药量/kg	设计距离/m	规范距离/m	是否符合
1	东侧125m处为生产区建筑物	$112^{\#}$引火线库	1.1^{-2}	1000	152	145	符合
2	东南侧1栋民房	$112^{\#}$引火线库	1.1^{-2}	1000	183	145	符合
3	西侧1栋民房	$110^{\#}$黑火药库	1.1^{-1}	1000	250	145	符合
4	西北侧员工宿舍(5人)	$111^{\#}$亮珠库	1.1^{-1}	1000	215	145	符合
5	西北侧5栋民房	$112^{\#}$引火线库	1.1^{-2}	1000	187	145	符合

③ 燃放试验场和销毁场的外部环境

总平面布置图中设置了125#燃放试验场和销毁场。125#燃放试验场和销毁场距离123#成品库215m，距离最近的民房100m。

(3) 总平面布置 ××烟花爆竹产销有限责任公司的平面布置图设计编号为RSK-2013-37-ZY-02b。其中，烟花生产区、爆竹生产区、引火线生产区工库房，根据生产工艺特性、危险等级进行布置。危险品生产区根据工艺过程分区布置，各生产线按生产流程顺序呈带状布置，基本避免了危险性半成品、产品往返交叉运输的情况。

(4) 内部最小允许距离 根据总平面布置图及现场检查情况，对照《烟花爆竹工程设计安全规范》(GB 50161—2009) 要求，该建设项目内部距离符合性分析结果，不符合有10项，见表5-40。

表5-10 药物总库区危险工房内部安全距离

序号	工房名称	邻近建筑物	实际距离(m)/标准距离(m)	内部距离符合性
1	引线中转库	18#	19/36	不符合
2	自动化装药车间	59#药物中转	9.8/36	不符合
		60#药物中转	6.4/36	不符合
		61#卫生间和洗澡间	8.4/36	不符合
3	爆竹封口中转	62#卫生间和洗澡间	7.2/12	不符合
4	包装车间	63#卫生间和洗澡间	12.2/14	不符合
5	成品中转仓库	63#卫生间和洗澡间	13.8/14	不符合
6	药物中转	41#自动化装药车间	9.8/14	不符合
		42#自动化装药车间	6.4/14	不符合
7	临时存药洞	47#结鞭车间	4.4/5	不符合

(5) 防护屏障 企业1.1级工库房防护屏障采用土堤防爆墙等形式。

7. 工艺与布置

(1) 该公司烟花生产的主要生产设施设备包括泥底机、粉碎机、滚筒造粒机、烟火药混药机等。烟花生产的主要工艺步骤有：无药部件制作组盆安引、装发射药、装纸片（有孔）、装效果件、装纸片、包装、储存生产工艺，符合《烟花爆竹作业安全技术规程》(GB 11652—2012) 中组合烟花生产工艺流程的要求。爆竹生产设备包括自动装药固引机、注引机、结编机等。自动装药固引机的电动机与混药间采用防爆墙隔开，隔墙传动。爆竹生产过程涉及的主要工序有：无药部件制作、化工原材料的准备、空筒注引、机械混药装药固引、机械结鞭、包装、储存，符合《烟花爆竹作业安全技术规程》（GB 11652—2012）中结鞭类爆竹生产工艺流程的要求。引火线生产工艺流程包括原材料准备、称料、混药、制引、上架、干燥卷盘、包装、入库。引火线生产工序的设置符合产品生产工艺流程要求[2,4]。

（2）公司的1.3级生产工房的人均使用面积不小于4.5m^2，1.1级工房的人均使用面积不小于9m^2。

（3）公司的1.1级、1.3级危险工库房为单层建筑。

（4）公司购买符合工艺要求的粉状化工原材料，72#称料，75#、76#造粒，77#筛选等有易燃易爆粉尘洒落的工房设置了墙裙。

（5）生产厂区危险性生产工房门外墙外侧均设置了水龙头，并配备了可提供清洗工房、工作台、工器具的用水。

8. 危险品储存和厂内运输

（1）危险品储存　××烟花爆竹产销有限责任公司生产场所和危险品总仓库区的储存仓库及中转库见表5-11。

表5-11　烟花生产区的储存仓库及中转库

序号	工房名称	长×宽/(m×m)	危险等级	定量/(kg/栋)
1	1#原材料库	12×6	甲类	1000
2	2#辅助原料库	6×6		
3	3#辅助原料库	6×6		
4	12#中转库	6×5	1.1	30
5	18#引线中转库	10×5	1.1	100
6	19#引线中转库	10×5	1.1	100
7	22#临时存药洞	1×0.8	1.1	10
8	23#临时存药洞	1×0.8	1.1	10
9	24#临时存药洞	1×0.8	1.1	10
10	25#临时存药洞	1×0.8	1.1	10
11	33#原材料中转	12×4	甲类	100
12	38#注引中转	12×4	1.3	100

续表

序号	工房名称	长×宽/(m×m)	危险等级	定量/(kg/栋)
13	48#爆竹封口中转	12×6	1.3	50
14	49#爆竹封口中转	12×6	1.3	50
15	50#爆竹封口中转	12×6	1.3	50
16	51#爆竹封口中转	12×6	1.3	50
17	52#爆竹封口中转	12×6	1.3	50
18	53#爆竹封口中转	12×6	1.3	50
19	56#纸箱库	20×10		
20	57#成品中转仓库	12×8	1.3	1000
21	58#成品中转仓库	12×8	1.3	1000
22	59#药物中转	5×2	1.3	100
23	60#药物中转	5×2	1.3	100
24	65#临时存药洞	1×0.8	1.1	10
25	66#临时存药洞	1×0.8	1.1	10
26	67#临时存药洞	1×0.8	1.1	10
27	70#原材料中转库	12×4	甲类	200
28	74#烟火药中转库	6×4	1.1	50
29	79#临时存药洞	1×0.8	1.1	10
30	81#亮珠中转库	4×3	1.1	400
31	88#内筒效果件中转	10×8	1.1	100
32	89#内筒效果件中转	10×8	1.1	100
33	90#内筒筑底中转	20×10	1.3	100
34	92#内筒筑底中转	20×10	1.3	100
35	95#发射药中转库	5×3	1.3	500
36	105#成品中转库	12×8	1.3	600
37	106#成品中转库	12×8	1.3	800
38	107#临时存药洞	1×0.8	1.1	10
39	108#临时存药洞	1×0.8	1.1	10
40	110#黑药库	8×6	1.1	1000

续表

序号	工房名称	长×宽/(m×m)	危险等级	定量/(kg/栋)
41	111#亮珠库	8×6	1.1	1000
42	112#引线库	8×6	1.1	1000
43	114#化工原材料库	12×8	甲类	5000
44	115#化工原材料库	24×8	甲类	5000
45	116#辅助原料库	40×16		
46	117#空筒无药中转	20×10		
47	118#空筒无药中转	20×10		
48	123#成品库	40×13.5	1.3	5400

(2) 危险品运输

① 根据企业提供的资料，原辅材料由供货单位运输到厂区，人工搬运至化工原材料库储存。生产区内，工房之间的原辅料、半成品、成品、辅助材料采用手推车和手提方式进行工序间的传递。

② 厂区主道路宽2.5～4m，道路均水泥砂浆硬化。

③ ××烟花爆竹产销有限责任公司与××汽车运输有限公司签订了《货车合作经营合同》，××烟花爆竹产销有限责任公司的配送车辆委托××汽车运输有限公司管理。××汽车运输有限公司经营范围含1类1项、1类4项等配送车辆，年审均合格，驾驶员、押运员持证上岗。

9. 安全管理现状

(1) 企业机构设置　××烟花爆竹产销有限责任公司主要负责人是公司安全生产第一责任人，全面负责全厂的安全生产工作。该公司成立了安全委员会、设置了安全生产办公室，负责日常安全生产工作的管理。

(2) 企业人员配备

① 该公司主要负责人、安全生产管理人员参加了相关安全生产知识培训，考核成绩合格，分别取得了主要负责人、安全生产管理人员资质证书并持证上岗。

② 根据《特种作业人员安全技术培训考核管理规定》(国家安全生产监督管理总局令第30号)、《关于规范湖北省烟花爆竹危险工序作业人员持证上岗的通知》(鄂安监管办［2008］296号) 等规定，××烟花爆竹产销有限责任

公司（生产C、D级组合烟花爆竹引火线、C级爆竹）应配备下列特种作业人员：

a. 烟火药制造作业（粉碎、药混合、造粒、筛选、干燥、包装）；

b. 引火线制造作业（制引、浆引、绕引）；

c. 烟花爆竹产品涉药作业（装发射药、内筒效果件装筑药、爆竹装药）；

d. 烟花爆竹储存作业（仓库保管、守护、搬运）。

③ 该公司制定了安全生产教育培训制度，开展了安全教育培训工作并对培训效果进行了考核，建立了培训考核记录台账。

（3）企业的规章制度　企业根据《安全生产法》《烟花爆竹安全管理条例》《烟花爆竹作业安全技术规程》等有关法律法规和标准规范，于2016年11月10日修订并发布实施了安全责任制、安全管理制度、操作规程。

（4）事故应急救援

① 事故应急救援预案的修订发布。该公司于2016年11月10日颁布了修订后的事故应急救援预案，预案包括总则、危险性分析、组织机构及职责、预警与预防、应急响应、后期处置、保障措施、培训与演练、奖惩附则、附件等内容。附件含火灾事故现场处置方案、爆炸事故现场处置方案、急救措施等内容。

② 事故应急救援预案的备案。2015年8月28日，利川市安全生产监督管理局出具了该公司事故应急救援预案备案登记表。

③ 应急救援组织机构的设置。该公司成立了应急救援指挥机构，应急救援指挥机构、人员并划分了各机构及人员的职责。

④ 应急救援预案的演练。该公司于2016年11月20日组织员工进行了事故应急救援预案的演练。

二、烟花爆竹生产安全风险辨识

集合典型烟花爆竹生产企业辨识和事故案例辨析结果，参照法律法规及行业标准等，结合所划分单元，根据危险部位及可能的作业活动，辨识了××烟花爆竹生产企业潜在的重大风险模式，并提出与风险模式相对应的管控对策。

此外，按照隐患排查内容和要求，查找事故风险点、危险源，即事故隐患，并对可能出现的违章违规行为、设备设施不安全状态，利用在线监测监控系统摄取违章证据，最终形成安全风险与隐患违章信息表，见表5-12。

表 5-12 湖北省烟花爆竹生产企业安全风险、隐患信息表

部位	安全风险评估与管控						隐患违规电子证据			
	作业或活动名称	风险模式	事故类型	风险等级	风险管控措施	参考依据	隐患检查内容	判别方式	监测监控方式	监测监控部位
1	烟火药机械混药	未采用防爆电气设备，作业人员未做到人机分离、人药分离，发生燃烧爆炸时可能导致殉燃殉爆，造成严重的建筑破坏和人员伤亡	火药爆炸、火灾、机械伤害、中毒窒息、触电……	Ⅱ	1. 采用符合标准的防爆电气设备； 2. 混药机械安装联锁装置，做到人机隔离操作； 3. 按要求设置防护屏障； 4 配置混药间视频监控； 5. 严格按照安全操作规程要求的定员、定量作业； 6. 定期检查、维护、保养安全设施和机电设备； 7. 按要求开展安全教育培训，特种作业人员持证上岗； 8. 作业人员正确穿戴使用防护用品； 9. 开展应急演练，按要求配备应急器材，定期维护保养	（GB 11652）《烟花爆竹作业安全技术规程》 （GB 10631）《烟花爆竹安全与质量》 （GB 5083）《生产设备安全卫生设计总则》 （GB/T 13869）《用电安全导则》 （AQ 4111）《烟花爆竹作业场所机械电器安全规范》 （AQ 4114）《烟花爆竹安全生产标志》 （AQ 4115）《烟花爆竹防止静电通用导则》	1. 未正确穿戴防静电的个人防护用品； 2. 开机前未检查水槽水位，未将地面冲湿，未开机空转一个工作循环； 3. 使用未经筛选的氧化剂、还原剂混合；使用非抗爆工房操作； 4. 混药机械无二点静电释放装置、非导静电器皿盛药； 5. 随意进入警戒线进行操作； 6. 未按开爆药 5kg、光色药 10kg 限定的药量进行操作； 7. 下班后未关掉所有电源、未清洗机械和地面，未执行每天的维护保养规定	是否采用可燃性粉尘环境相应防爆等级的电气设备	视频监控	配药工房

续表

部位	安全风险评估与管控						隐患违规电子证据			
	作业或活动名称	风险模式	事故类型	风险等级	风险管控措施	参考依据	隐患检查内容	判别方式	监测监控方式	监测监控部位
2	效果件装药封口作业	超员超量作业，野蛮作业，工器具、工作台面、地面、防雷防静电设施等不符合安全要求，作业过程容易造成燃烧爆炸事故，造成多人伤亡	火药爆炸、火灾、中毒窒息	Ⅱ	1. 工作台面、地面敷设防静电胶垫； 2. 防雷防静电设施定期检测； 3. 按要求设置防护屏障； 4. 安装视频监控设施； 5. 严格按照定员、定量要求作业； 6. 使用不产生火花的工器具，定期检查维护安全设施设备； 7. 按要求开展安全教育培训，特种作业人员持证上岗； 8. 作业人员正确穿戴使用防护用品； 9. 开展应急演练，按要求配备应急器材，定期维护保养	（GB 11652）《烟花爆竹作业安全技术规程》 （GB 50161）《烟花爆竹工程设计安全规范》 （GB 10631）《烟花爆竹安全与质量》 （AQ 4111）《烟花爆竹作业场所机械电器安全规范》 （AQ 4114）《烟花爆竹安全生产标志》 （AQ 4115）《烟花爆竹防止静电通用导则》	1. 未清扫整理工作台、工房地面； 2. 工具不符合工艺安全要求； 3. 效果件药量不符合工房定量； 4. 未穿戴好工作服、防尘口罩； 5. 筒体变形、破损和过火泥、传火引不符合质量要求进行装填； 6. 未按工艺安全要求操作，先装亮珠再装开口炸药，最后封口； 7. 作业过程拖拉、碰撞或敲打； 8. 效果件工艺完成后未标记效果件品种名称和生产日期； 9. 未按规定轻拿、轻放、轻搬动，并定量及时送入保养房； 10. 有湿法清扫工作台面余药行为； 11. 未冲洗工房地面，并分类放置各类工器具等	工房是否定员、定量、防雷防静电设施是否半年检测一次	视频监控	装药封口工房

续表

部位	安全风险评估与管控						隐患违规电子证据			
	作业或活动名称	风险模式	事故类型	风险等级	风险管控措施	参考依据	隐患检查内容	判别方式	监测监控方式	监测监控部位
3	药物中转库	中转库超员、超量、超范围,发生燃烧爆炸事故时,可能造成临近工库房殉爆,导致严重的建筑破坏和人员伤亡	火药爆炸、火灾、中毒窒息	Ⅱ	1. 地面敷设防静电胶垫,防雷防静电设施定期检测; 2. 按要求设置防护屏障; 3. 设置视频监控设施; 4. 严格按照定员、定量分类储存,堆垛高度符合标准要求; 5. 做好温湿度控制、监测及出入库登记台账; 6. 定期检查维护安全设施设备 7. 按要求开展安全教育培训,特种作业人员持证上岗; 8. 作业人员正确穿戴使用防护用品; 9. 定期开展应急预案演练,配备符合要求的消防设施和救援器材,并定期维护保养,并保持完好技术状态	(GB 11652)《烟花爆竹作业安全技术规程》 (GB 10631)《烟花爆竹安全与质量》 (AQ 4111)《烟花爆竹作业场所机械电器安全规范》 (AQ 4114)《烟花爆竹安全生产标志》 (AQ 4115)《烟花爆竹防止静电通用导则》	1. 中转库内药物有受潮、异味,室内导静电胶皮有破损等现象; 2. 药物未分类堆码整齐,未标识品名、规格、数量、入库时间等信息。堆码不符合要求; 3. 干药在中转库的停滞时间超过24小时,湿药未即混即用; 4. 未每天对室内温湿度进行检测记录。气温超过4℃或遇暴雨、雷电时,有出入库作业; 5. 中转库房未通风、散热、门窗破损; 6. 未做好药物收发记录,并确保账物相符; 7. 发现异常时未立即报告; 8. 下班时,未使用湿拖布清扫中转库地面散落余药	1. 工房是否定员、定量; 2. 堆码高度是否超高; 3. 温度控制范围在0～34℃; 4. 湿度控制范围在50%～85%	视频监控	工房

续表

部位	安全风险评估与管控						隐患违规电子证据			
	作业或活动名称	风险模式	事故类型	风险等级	风险管控措施	参考依据	隐患检查内容	判别方式	监测监控方式	监测监控部位
4	药物总库	超员超量作业，地面、堆码高度、库内温湿度、防雷防静电等不符合安全要求，容易引发燃烧爆炸事故，导致殉爆，造成多人伤亡和财产损失	火药爆炸、火灾、中毒窒息	Ⅱ	1. 建筑结构、防护屏障、防雷防静电设施符合标准要求； 2. 设置视频监控设施； 3. 严格按照安全操作规程要求定员、定量作业； 4. 定期检查、维护、保养安全设施，严禁超范围储存； 5. 按要求开展安全教育培训，特种作业人员持证上岗； 6. 作业人员正确穿戴使用防护用品； 7. 开展应急演练，按要求配备应急器材，定期维护保养	（GB 11652）《烟花爆竹作业安全技术规程》 （GB 50161）《烟花爆竹工程设计安全规范》 （GB 10631）《烟花爆竹安全与质量》 （GB 50016）《建筑防火设计规范》 （GB/T 13869）《用电安全导则》 （AQ 4111）《烟花爆竹作业场所机械电器安全规范》 （AQ 4114）《烟花爆竹安全生产标志》 （AQ 4115）《烟花爆竹防止静电通用导则》	烟花爆竹药物仓库建筑规格要做到使用合理、规划科学，其建筑面积过大或者过小，均会留下仓库储存超量的隐患；仓库以采用一栋两间式、一栋三间式为宜，单栋不宜超过三间联建，建筑使用面积以不超过 $70cm^2$ 为宜；仓库的屋顶应采用便于泄爆的轻质易碎材料，室内地面采用不发火、防静电的材料，库门采用外开式，不得设置门槛，门洞不宜小于 1.2m×2.0m，窗户宜设置为高位窗并能开启，在勒脚处宜设置可开关的活动百叶窗或带活动防护板的固定百叶窗，并配置铁栅和金属网，起到防潮、隔热、通风、防小动物的作用	1. 工房是否定员、定量； 2. 堆码高度是否超高； 3. 温度控制范围在0～34℃； 4. 湿度控制范围在50%～85%	视频监控	药物库房

续表

部位	安全风险评估与管控						隐患违规电子证据			
	作业或活动名称	风险模式	事故类型	风险等级	风险管控措施	参考依据	隐患检查内容	判别方式	监测监控方式	监测监控部位
5	1.1 级成品库	无防护屏障或屏障设置不符合标准要求，一旦发生燃烧爆炸事故，容易造成临近仓库殉爆和人员伤亡	火药爆炸、火灾、中毒窒息	Ⅱ	1. 屏障设置高度、宽度、材质、结构等符合标准要求； 2. 定期维护防护屏障，加强日常巡查、管理； 3. 按要求开展安全教育培训，特种作业人员持证上岗； 4. 作业人员正确穿戴使用防护用品； 5. 消防水池、灭火器材定期维护保养，并保持临用状态	(GB 11652)《烟花爆竹作业安全技术规程》 (GB 50161)《烟花爆竹工程设计安全规范》 (GB 10631)《烟花爆竹安全与质量》 (GB 50016)《建筑防火设计规范》 (GB 50057)《建筑物防雷设计规范》 (GB 5083)《生产设备安全卫生设计总则》 (GB/T 13869)《用电安全导则》 (AQ 4111)《烟花爆竹作业场所机械电器安全规范》 (AQ 4114)《烟花爆竹安全生产标志》 (AQ 4115)《烟花爆竹防止静电通用导则》	1. 仓库是否有经公安机关审批办理《爆炸物品储存证》，按证核准量存放，严禁超量储存和无证储存； 2. 是否专库专用以及混存现象。仓库的管理是否实行"五双"管理制度。仓库看守和仓库保管员分设，并签订安全责任状； 3. 仓库的消防器材、防盗、避雷设施完备，实行每年一检修保养制度，保证在良好状态，发挥作用； 4. 仓库是否建立检查登记制度、出入库领退登记签名制度，进入库区检查是否有本公司领导或保卫部人员引领到场。保管员、安全员是否日检一次，本公司每月是否组织检查一次，并落实犬防； 5. 仓库内温度是否低于 35℃，湿度是否控制在 65%以下； 6. 仓库内临时拉接电源、是否用煤油灯和蜡烛作照明，消防水是否到位，水源是否充足，室外、围墙是否设立安全防范警示语和安全标志； 7. 装卸烟花爆竹是否由保管员监装监卸。是否使用铁质工具，是否穿钉有金属鞋底和带火种的人员进入仓库； 8. 堆放是否平、稳，是否符合"五距"要求。地面是否用油毡或其他易燃物铺垫	1. 顶宽大于 1m， 2. 底宽大于屏障高度 1.5 倍； 3. 高度大于被保护建筑物屋檐。	视频监控	仓库

续表

部位	安全风险评估与管控						隐患违规电子证据			
	作业或活动名称	风险模式	事故类型	风险等级	风险管控措施	参考依据	隐患检查内容	判别方式	监测监控方式	监测监控部位
6	1.3 级成品库	超员、超量作业，发生燃烧爆炸时，可能造成严重的人员伤亡和财产损失以及较大社会影响	火药爆炸、火灾、中毒窒息	Ⅱ	1. 视频监控系统符合相关规定，并运行正常； 2. 定员、定量，按标准分类储存和堆码； 3. 如实填写出入库台账； 4. 按要求开展安全教育培训，特种作业人员持证上岗； 5. 作业人员正确穿戴使用防护用品； 6. 消防水池、灭火器材定期维护保养，并保持临用状态	（GB 11652）《烟花爆竹作业安全技术规程》 （GB 50161）《烟花爆竹工程设计安全规范》 （GB 10631）《烟花爆竹安全与质量》 （GB 50016）《建筑防火设计规范》 （GB 50057）《建筑物防雷设计规范》 （GB 5083）《生产设备安全卫生设计总则》 （GB/T 13869）《用电安全导则》 （AQ 4111）《烟花爆竹作业场所机械电器安全规范》 （AQ 4114）《烟花爆竹安全生产标志》 （AQ 4115）《烟花爆竹防止静电通用导则》	1. 仓库是否有经公安机关审批办理的《爆炸物品储存证》，按证核准量存放，严禁超量储存和无证储存； 2. 是否专库专用以及混存现象。仓库的管理是否实行“五双”管理制度。仓库看守和仓库保管员是否分设，并签订安全责任状； 3. 仓库的消防器材、防盗、避雷设施完备，实行每年一次检修保养制度，保证在良好状态，发挥作用； 4. 仓库是否建立检查登记制度、出入库领退登记签名制度，进入库区检查是否有本公司领导或保卫部人员引领到场。保管员、安全员是否日检一次，本公司每月是否组织检查一次，并落实犬防； 5. 仓库内温度是否低于35℃，湿度控制在65％以下； 6. 仓库内临时拉接电源、是否用煤油灯和蜡烛作照明，消防水是否到位，水源是否充足，室外、围墙是否设立安全防范警示语和安全标志； 7. 装卸烟花爆竹是否由保管员监装监卸。是否使用铁质工具，是否有穿钉金属鞋底和带火种的人员进入仓库； 8. 堆放是否平、稳，是否符合“五距”要求。地面是否用油毡或其他易燃物铺垫	1. 工房是否定员； 2. 库存是否定量	视频监控	仓库

三、烟花爆竹生产企业“五高”安全风险评估

（一）单元安全风险辨识

应结合典型烟花爆竹企业辨识和事故案例辨析结果，参照法律法规及行业标准等，结合所划分单元，根据危险部位及可能的作业活动，辨识烟花爆竹生产企业潜在的重大风险模式，并提出与风险模式相对应的管控对策。此外，按照隐患排查内容、要求查找隐患，并对可能出现的违章违规行为、状态，利用在线监测监控系统摄取违章证据，最终形成安全风险与隐患违章信息表。

综合考虑可能出现的事故类型与事故后果，运用风险矩阵法将烟花爆竹生产企业分为七个单元，即组合烟花、内筒效果件、爆竹、爆竹引线、烟花爆竹配送运输、仓库或中转库、零售经营门店，对其中每一项风险进行评估，确定风险等级。

（二）单元风险点风险严重度（固有风险）评估

组合烟花生产单元“五高”参数选择如下。

(1) 高风险设备设施包括切纸机、压泥底机、粉碎机、筛选机、混药机、装药固引机、造粒机、钻孔机、注引机、压药机、晒场、烘房。

烟花爆竹产销有限责任公司组合烟花生产单元，主要分为单类组合烟花(由同类效果的单筒组合而成的组合烟花）和多类组合烟花（由不同类效果的单筒组合而成的组合烟花)。单类组合烟花按其效果不同，又分为喷花型组合烟花、吐珠型组合烟花、内筒型组合烟花等。按炸药成分及药量等方面的不同可划分B类（欧线）和C类（美线）两大类盆花品种，从20世纪90年代开始C类烟花产品不断发展，几乎普及了整个美洲市场[3-5]。按GB 10631要求，组合烟花分为A、B、C三级。组合烟花本质安全化水平与危险指数的对应关系见表5-13。

表5-13 组合烟花本质安全化水平与危险指数的对应关系表

指标描述	量化指标	特征值
切纸机	应有良好二点接地导电装置	0.9
压泥底机	皮带与药物间摩擦会产生静电	0.9
粉碎机	应有良好二点接地导电装置	1.7

续表

指标描述	量化指标	特征值
筛选机	氧化剂、还原剂应各自用专用机械筛选粉碎；进、出料前应停机 10min；防止粉尘浓度超标；应有良好二点接地导电装置	1.7
混药机	皮带与药物间摩擦会产生静电	1.7
装药固引机	温度超过 32℃禁止压药；设置联锁安全装置；设置可靠的接地设施。	1.5
造粒机	应设置二点静电释放装置	1.5
钻孔机	转速小于等于 90r/min	1.5
注引机	可靠静电接地	1.1
压药机	温度超过 32℃禁止压药；含有较大颗粒的铝、钛、铁粉的烟火药，一律不得筑压药。	1.1
晒场	晒架间搬运、疏散通道宽度应大于 80cm；药盘中亮珠厚度小于等于 1.5cm；气温高于 37℃时不得进行日光直晒。	1.3
烘房	水暖干燥：按规定药量干燥，烘房温度≤60℃；热风干燥：按规定药量干燥，烘房温度≤50℃	1.3
高风险设备设施危险指数特征值		1.7

注：各类指标选择一档特征值后相乘，求解结果即为高风险设备设施危险指数特征值。

（2）高风险工艺—监测监控系统 ××烟花爆竹产销有限责任公司爆竹生产区安装有温度、湿度、药量、粉尘浓度、人数、设备运行速率、视频监控等 7 类监测监控设施，日常监控设施易受高温、雷雨季节等影响，出现数据图像缺失现象，仅有视频监控完好。按此段时间内该库监测监控工艺设施失效率为 1。工艺与危险指数的对应关系见表 5-14。

表 5-14 工艺与危险指数的对应关系表

工艺危险	监测监控量化指标	失效率(p)
监测监控设施完好水平	温度	0
	湿度	
	药量	
	粉尘浓度	
	设备运行速率	
	工房人数	
	视频监控	
监测监控设施失效率修正系数(体现工艺风险)K_1		1

（3）高风险场所——工房及中转库、仓库　组合烟花生产单元东面与南北走向的水渠相邻，75# 造粒工房东北侧 180m 处有 1 栋民房；南面，103# 包装工房南侧 187m 处有 1 栋民房；西面，120# 组盆安引工房西侧 152m 处为药物总库区建筑物（121# 引火线库），41# 自动化装药车间西侧 794m 处有 1 栋民房、西侧 142m 外有 7 栋民房；北面，34# 原材料筛选工房北侧 29m 处有 1 栋房屋（该房屋已被企业租赁闲置），55# 包装车间北侧 58m 处有 5 栋民房。当班人数通常为 182 人（其中涉药 156 人），单班制工作；另外生产单元周边有 16 栋民房，常年人数参考《城市居住区规划设计规范》3.0.3 款，按每户 3.2 人计算，共计 52 人。组合烟花生产单元波及人数与危险指数的对应关系见表 5-15。

表 5-15　工房、仓库下游区波及人数与危险指数的对应关系表

类别	人数/人
引火线生产区波及人员风险暴露	234
高风险场所危险指数特征值	9

（4）高风险物品（能量）　××烟花爆竹产销有限责任公司引火线生产区，涉药工序 41 个，各工序接触药量见表 5-16，共计药量 4126kg。爆竹生产单元涉及药量与危险指数的对应关系见表 5-16。

表 5-16　爆竹生产单元涉及药量与危险指数的对应关系表

工房编号	危险场所等别	药量/kg	定人/个	特征值
71#	原材料中转库	200	1	1
72#	粉碎工房	50	1	1
73#	称量	50	1	1
74#	自动混药工房	10	1	1
75#	烟火药中转库	50	1	1
76#	造粒工房	20	1	1
77#	造粒工房	20	1	1
78#	筛选工房	20	1	1
79#	晒场及凉棚	200	1	1
80#	临时存药洞	10	1	1
81#	称量包装	30	1	1

续表

工房编号	危险场所等别	药量/kg	定人/个	特征值
82#	亮珠中转库	400	1	1
83#	开爆药混药工房	5	1	1
84#	装筑药	6	1	1
85#	调湿药工房	10	1	1
86#	擦钾工房	50	1	1
87#	内筒效果件中转	100	1	1
88#	内筒效果件中转	100	1	1
89#	内筒效果件中转	100	1	1
90#	内筒筑底中转	100	1	1
91#	内筒筑底	12	24	1
92#	内筒筑底中转	100	1	1
93#	点尾药	30	1	1
94#	点尾药	30	1	1
95#	发射药中转库	500	1	1
96#	装发射药	8	1	1
97#	装发射药	8	1	1
98#	组装工房	12	1	1
99#	组装工房	12	1	1
100#	组装工房	12	1	1
101#	组装工房	12	1	1
102#	组装工房	12	1	1
103#	包装工房	200	24	1
104#	包装工房	200	24	1
105#	成品中转库	600	1	1
106#	成品中转库	800	1	1
107#	临时存药洞	10	1	1
108#	临时存药洞	10	1	1
109#	装筑药	3	1	1
110#	组盆安引	12	24	1
111#	组盆安引	12	24	1
高风险物品危险指数特征值				1

(5) 高风险作业　××烟花爆竹产销有限责任公司生产C、D级组合烟花，应按照规定配备制引、浆引、绕引特种作业人员。特种作业与危险指数的对应关系见表5-17。

表5-17　特种作业与危险指数的对应关系表

要素	量化指标	种类数量(q)
特种作业	值班、装发射药	9
	保管、内筒效果件装筑药	
	守护	
	搬运	
	粉碎	
	配药	
	混合药	
	装药	
	造粒	
	筛选	
	电工作业	
高风险作业危险性修正系数(K_2)		1.45

(6) 风险点典型事故风险的固有危险指数　用风险点风险严重度（固有风险）五类指标，求得××烟花爆竹产销有限责任公司组合烟花燃烧爆炸事故风险点固有风险指数h：

$$h=1.7\times1\times9\times1\times1.45=22.19$$

因此该事故风险点在未经修正前风险等级为Ⅳ级。

(三) 其他生产单元“五高”参数选择

同理，内筒效果件、爆竹、爆竹引线、烟花爆竹配送运输、仓库或中转库、经营门店等生产单元的“五高”参数选择见表5-18。同理：可对内筒效果件、爆竹、爆竹引线、烟花爆竹配送运输、仓库或中转库、经营门店等生产单元的“五高”参数选择，见表5-18，并计算各自的固有危险指数。

表 5-18 烟花爆竹固有风险评估结果

烟花爆竹生产单元名称	风险点	指标赋值							固有危险指数(h)
		高风险设备设施指数(h_s)	物质危险指数(M)	场所人员暴露指数(E)	监测监控设施失效率修正系数(K_1)	高风险作业危险性修正系数(K_2)	监测监控设施失效率(p)	风险点涉及高风险作业种类数(q)	
组合烟花生产	燃烧爆竹事故风险点	1.7	1.00	9.00	1.00	1.45	0.00	9.00	22.19
内筒效果件生产	燃烧爆竹事故风险点	1.7	1.00	9.00	1.00	1.40	0.00	8.00	21.42
爆竹生产	燃烧爆竹事故风险点	1.7	1.00	9.00	1.00	1.40	0.0	8.00	21.42
爆竹引线生产	燃烧爆竹事故风险点	1.7	1.00	7.00	1.00	1.40	0.0	8.00	16.66
烟花爆竹仓库或中转库	燃烧爆竹事故风险点	1.7	1.00	7.00	1.00	1.20	0.00	8.00	14.28
烟花爆竹配送运输	燃烧爆竹事故风险点	1.7	1.00	3.00	1.00	1.20	0.00	4.00	6.12
烟花爆竹零售经营门店	燃烧爆竹事故风险点	1.7	1.00	5.00	1.00	1.25	0.0	5.00	10.63

（四）单元现实风险

1. 组合烟花生产单元现实风险

(1) 风险点固有危险指数动态监测指标修正值（h_d） 对初始（现实）安全风险动态修正：由于××烟花爆竹产销有限责任公司组合烟花生产区在正常运行中，且调研期间系统正在维护，所以未采集到监测项目预警结果，即 a_1、a_2、a_3都为零，高危风险监测特征指标修正系数 K_3 为 1。

用高危风险监测特征指标修正系数（K_3）对风险点固有风险指标进行动态修正：

$$h_d = hK_3 = 22.19 \times 1 = 22.19$$

(2) 组合烟花单元固有危险指数动态修正值 (H_D)　由于组合烟花生产单元区域内只存在燃烧爆炸重大风险点，根据安全控制论原理，单元固有危险指数动态修正值为：

$$H_D = h_d = 22.19$$

(3) 组合烟花单元初始高危风险值 (R_0)　将单元高危风险管控频率 (G) 与固有风险指数 H_D 聚合：××烟花爆竹产销有限责任公司提供资料显示，安全生产标准化等级为三级，标准化三级评审得分 70～79 分，该单元实际评估分值为 72 分。由此计算出最终单元高危风险管控频率 G 为 1.39。

组合烟花单元初始高危风险值：

$$R_0 = GH_D = 1.39 \times 22.19 = 30.84$$

(4) 单元现实风险值 (R_N)　动态修正之前单元现实风险值等于单元初始风险值，即 $R_N = R_0$；单元现实风险值 (R_N) 为现实风险动态修正指标对单元初始高危风险值 (R_0) 进行修正的结果。动态修正是针对单元现实风险值 R_N 进行的一种适时修正，安全生产基础管理动态指标、特殊时期指标、高危风险物联网指标、自然环境指标对单元风险等级进行调档。

经风险管控指标调控后的安全风险作为最终的单元现实安全风险。确定定量化风险评估方法单元现实风险分级标准，见表 4-24。

2. 内筒效果件等其他生产单元现实风险

同理，可计算内筒效果件、爆竹、爆竹引线、烟花爆竹配送运输、仓库或中转库、经营门店等生产单元的现实风险值，见表 5-19。

表 5-19　××烟花爆竹公司“五高”初始（现实）风险评估结果

烟花爆竹生产单元名称	风险点	固有危险指数(h)	初始(现实)安全风险			
			安全生产标准化取值/分	单元五高风险管控指标(G)	初始(现实)风险值(R)	初始(现实)风险等级
组合烟花生产	燃烧爆炸事故风险点	22.19	72	1.39	30.84	Ⅲ级
内筒效果件生产	燃烧爆炸事故风险点	21.42	78	1.28	27.42	Ⅳ级

续表

烟花爆竹生产单元名称	风险点	固有危险指数(h)	初始(现实)安全风险			
			安全生产标准化取值/分	单元五高风险管控指标(G)	初始(现实)风险值(R)	初始(现实)风险等级
爆竹生产	燃烧爆炸事故风险点	21.42	89	1.12	23.99	Ⅳ级
爆竹引线生产	燃烧爆炸事故风险点	16.66	79	1.27	21.16	Ⅳ级
烟花爆竹仓库或中转库	燃烧爆炸事故风险点	6.12	90	1.11	6.79	Ⅳ级
烟花爆竹配送运输	燃烧爆炸事故风险点	12.24	95	1.05	12.85	Ⅳ级
烟花爆竹零售经营门店	燃烧爆炸事故风险点	10.63	87	1.15	12.23	Ⅳ级

(五) 风险聚合

企业风险估算的方法有三种。

1. 第一种算法

根据式(4-11)～式(4-15)，代入计算结果如下：

(1) 各单元现实风险值 R_{Ni}：

$R_{N1}=30.84$；$R_{N2}=27.42$；$R_{N3}=23.99$；$R_{N4}=21.16$；$R_{N5}=6.79$；$R_{N6}=12.85$；$R_{N7}=12.23$

(2) 各单元内风险点人员暴露指数 E_i：

$E_1=234$；$E_2=155$；$E_3=114$；$E_4=53$；$E_5=63$；$E_6=9$；$E_7=26$

(3) 单元内各风险点场所人员暴露指数累计值 F：

$F=E_1+E_2+E_3+E_4+E_5+E_6+E_7=654$

(4) 企业现定风险值 R_N：

$$R_N=R_{N1}\times E_1/F+R_{N2}\times E_2/F+R_{N3}\times E_3/F+R_{N4}\times E_4/F+R_{N2}\times E_5/F+R_{N3}\times E_6/F+R_{N4}\times E_7/F$$

$=(30.84\times 234+27.42\times 155+23.99\times 114+21.16\times 53+6.79\times 63+12.85\times 9+12.23\times 26)/654$

$=24.75$

按照表 4-24 的标准判定，该企业风险等级为低风险，蓝色预警信号。

2. 第二种算法

根据式(4-16)，$\max R_{\mathrm{N}i}=30.84$；$\mathrm{ave}R_{\mathrm{N}i}=19.33$

代入计算结果：

$$R=\sqrt{(30.84^2+19.33^2)/2}=\sqrt{662.37725}=25.74$$

按照表 4-24 的标准判定，该企业风险等级为低风险，蓝色预警信号。

3. 第三种算法

根据式(4-16)，企业内单元现实风险以最大值 $\max(R_{\mathrm{N}i})$ 确定，则企业整体风险值为：

$$R=\max(R_{\mathrm{N}i})=30.84$$

按照表 4-24 的标准判定，该企业风险等级为一般风险，黄色预警信号。

第二节　××烟花爆竹有限责任公司[4]

一、烟花爆竹经营安全风险辨识

结合典型烟花爆竹企业安全风险辨识和事故案例辨析结果，参照法律法规及行业标准等，结合所划分单元，根据危险部位及可能的作业活动，辨识了××烟花爆竹有限责任公司潜在的重大风险模式，并提出与风险模式相对应的管控对策。

此外，按照隐患排查内容和要求，查找事故风险点、危险源，即事故隐患，并利用在线监测监控系统对可能出现的违章违规行为、设备设施不安全状态摄取违章证据，最终形成安全风险与隐患违章信息表，见表 5-20。

表 5-20　××烟花爆竹有限责任公司安全风险与隐患违规电子证据信息

部位	安全风险评估与管控							隐患违规电子证据			
	作业或活动名称		风险模式	事故类型	风险等级	风险管控措施	参考依据	隐患检查内容	判别方式	监测监控方式	监测监控部位
仓库	货品查验作业	查验	烟花爆竹进库前，仓库保管员、采购员未检验	爆炸、其他伤害	Ⅳ	1. 工程技术措施：使用专用工具。 2. 管理措施： ①有安全管理制度及安全操作规程，并严格执行； ②作业前，对相关设备进行全面检查，确保符合安全要求； ③作业过程中进行巡查，及时制止违章违规行为； ④建立货物查验台账记录，定期检查； ⑤实现安全生产责任考核制度，对安全生产先进班组、个人进行奖励，对违反安全制度、规程及劳动纪律的进行惩处； 3. 培训教育措施：对作业人员进行安全培训，提高安全意识和操作技能；	《烟花爆竹安全与质量》(GB 10631—2004)； 《烟花爆竹计数抽样检查规则》(GB/T 10632—2004)； 《危险货物品名表》(GB 12268—2012)； 《易燃易爆性商品储存养护技术条件》(GB 17914—2013) 《企业安全生产标准化基本规范》(GB/T 13869—2017) 《烟花爆竹作业安全技术规程》(GB 11652—2012)	烟花爆竹进库前，仓库保管员、采购员、安全员： ①未按照标准进行查看包装、规格、生产日期；核对登记品种、数量、票据、合格证明；检验品位、试放质量； ②发现有过期的、质量不合格的产品入库；发现产品数量、质量、单据等不齐全时，准予入库； ③安全员、保管员二人未同时在场查验库内存货及验收新货	—	—	库房
			未对外包装标识进行全部查验，确定品名、规格、内包装形式、每箱件数、生产日期及厂名厂址、执行标准等，符合规定要求	爆炸、其他伤害	Ⅲ						
			过期的、质量不合格的产品入库	爆炸、其他伤害	Ⅳ						
			入库时，仓库管理员未再次查点产品的数量、规格型号、合格证件等项目	爆炸、其他伤害	Ⅳ						
			发现产品数量、质量、单据等不齐全时，准予入库	爆炸、其他伤害	Ⅳ						
			检验员在检验中，确要进行试放的，未严格按照规定试放检验	爆炸、其他伤害	Ⅳ						
			查验库内存货及验收新货，安全员、保管员二人未同时在场	爆炸、其他伤害	Ⅳ						

续表

部位	安全风险评估与管控							隐患违规电子证据			
	作业或活动名称		风险模式	事故类型	风险等级	风险管控措施	参考依据	隐患检查内容	判别方式	监测监控方式	监测监控部位
仓库	货品查验作业	不合格品处理	对检验出的不合格产品要登记，未单独存放，并上报上级安全管理部门，及时销毁	爆炸、其他伤害	Ⅳ	4. 个体防护措施：配备防静电工作服、不产生火花鞋、防护手套等个体防护用品。		①未登记不合格产品、未单独存放、未呈报上级及时销毁； ②缺检验、登记台账。	—	—	库房
			未健全产品检验登记台账，详细记录产品检验情况	爆炸、其他伤害	Ⅳ						
仓库	拆箱作业	拆箱	未对外包装标识进行全部查验，确定品名、规格、内包装形式、每箱件数、生产日期及厂名厂址、执行标准等，符合规定要求	爆炸、其他伤害	Ⅳ	1. 工程技术措施：使用专用工具。 2. 管理措施： ①有安全管理制度及安全操作规程，并严格执行； ②作业前，对相关设备进行全面检查，确保符合安全要求； ③作业过程中进行巡查，及时制止违章违规行为； ④建立货物查验台账记录，定期检查； ⑤实现安全生产责任考核制度，对安全生产先进班组、个人进行奖励，对违反	《防静电工作服》（GB 12014—2009），《烟花爆竹企业安全监控系统通用技术条件》（AQ 4101—2008），《危险货物运输包装通用技术条件》（GB 12463—2009），《防止静电事故通用导则》（GB 12158—2006），《烟花爆竹工程设计安全规范》（GB 50161—2009）；	①未核对外包装、内包装信息； ②安全员、保管员未同时在场； ③用非铁质刀具划开封条； ④造成箱内货物损坏、变形； ⑤拆箱过程中，存在接打手机等违规行为； ⑥拆箱后未及时对剩余货物封箱、登记并单独存放； ⑦未健全台账	通过监控判断拆箱、封箱行为	视频监视频监控	库房
			安全员、保管员未同时在场	爆炸、其他伤害	Ⅳ						
			用非铁质刀具划开封条	爆炸、其他伤害	Ⅳ						
			未检查箱内产品合格证，核对相关数据	爆炸、其他伤害	Ⅳ						
			未小心取出产品实体，野蛮拆装	爆炸、其他伤害	Ⅳ						
			未查验招纸、筒标，小包装笺上的标识内容，燃放说明，警句等是否齐全	爆炸、其他伤害	Ⅳ						

续表

部位	安全风险评估与管控							隐患违规电子证据			
	作业或活动名称		风险模式	事故类型	风险等级	风险管控措施	参考依据	隐患检查内容	判别方式	监测监控方式	监测监控部位
仓库	拆箱作业	拆箱	未清点箱内实体数量，核对与外包装标注含量是否相符	爆炸、其他伤害	Ⅳ	安全制度、规程及劳动纪律的进行惩处。 3. 培训教育措施： 对作业人员进行安全培训，提高安全意识和操作技能； 4. 个体防护措施：配备防静电工作服、不产生火花鞋、防护手套等个体防护用品，确保符合安全要求； 5. 作业过程中进行巡查，及时制止违章违规行为； 6. 建立货物查验台账记录，定期检查； 7. 实现安全生产责任考核制度，对安全生产先进班组、个人进行奖励，对违反安全制度、规程及劳动纪律的进行惩处。					
			未全面查验产品实体，及时发现质量问题	爆炸、其他伤害	Ⅳ						
			拆箱未保持货物包装完整，造成箱内货物损坏、变形	爆炸、其他伤害	Ⅳ						
			拆箱过程中，存在接打手机等违规行为	爆炸、其他伤害	Ⅳ						
			拆箱后未及时对剩余货物进行封箱、登记并单独存放	爆炸、其他伤害	Ⅳ						
			拆箱后，发现零散药物未及时清理干净并清除出库区进行销毁	爆炸、其他伤害	Ⅳ						
			未健全台账，详细记录产品拆箱情况	爆炸、其他伤害	Ⅳ						
		试放	需开箱查验的产品，未将查验对象整箱搬到库房外面 3m 以外，放置在干燥的地面上	爆炸、其他伤害	Ⅲ		《烟花爆竹作业安全技术规程》(GB 11652—2012) 7.12.1-7.12.6； 《烟花爆竹 标志》(GB 24426—2015)	①开箱查验的产品距离不足 3m； ②查验燃放效果时，安全员未到场； ③试放时观看人员距离过近	通过监控判断人员是否到场	视频监视频监控	试放场所
			需要查验燃放效果时，安全员未到场指挥	爆炸、其他伤害	Ⅲ						

续表

部位	安全风险评估与管控							隐患违规电子证据			
	作业或活动名称		风险模式	事故类型	风险等级	风险管控措施	参考依据	隐患检查内容	判别方式	监测监控方式	监测监控部位
仓库	拆箱作业	试放	在不具备安全条件的场所燃放样品	爆炸、其他伤害	Ⅲ						
			试放时观看人员要距离过近	爆炸、其他伤害	Ⅳ						
			试放完毕，残留物未妥善处理	爆炸、其他伤害	Ⅳ						
	装卸作业	车辆进入	库区内车速过快	爆炸、其他伤害	Ⅳ	1. 工程技术措施： ①使用专用工具； ②车辆进入库区安装防护罩。 2. 管理措施： ①有安全管理制度及安全操作规程，并严格执行； ②作业前，对相关设备进行全面检查，确保符合安全要求； ③作业过程中进行巡查，及时制止违章违规行为； ④建立货物查验台账记录，定期检查； ⑤实现安全生产责任考核制度，对安	《烟花爆竹作业安全技术规程》（GB 11652—2012）9.1.1—9.1.3	库区内车辆： ①车速过快； ②停车时未熄火； ③停车距离库门过近	通过监控判断车辆速度、熄火、位置		库房
			车辆未熄火，进行装卸作业	爆炸、其他伤害	Ⅲ						
			车辆停靠距离库门过近	爆炸、其他伤害	Ⅳ						
			车辆装卸货物完毕，在库区逗留	爆炸、其他伤害	Ⅳ						
		装卸	现场未准备相应的消防器材	爆炸、其他伤害	Ⅲ			装卸时出现： ①现场无消防器材； ②使用铁质工具； ③穿带钉子的鞋和硬底鞋； ④进库未先进行消除静电； ⑤搬运、码垛不规范；	通过监控判断作业行为		
			使用易产生火花的工具进行装卸	爆炸、其他伤害	Ⅲ						
			工作中使用铁质工具	爆炸、其他伤害	Ⅲ						
			进库人员穿带钉子的鞋和硬底鞋，进库未先进行消除静电	爆炸、其他伤害	Ⅳ						

续表

部位	安全风险评估与管控							隐患违规电子证据			
	作业或活动名称		风险模式	事故类型	风险等级	风险管控措施	参考依据	隐患检查内容	判别方式	监测监控方式	监测监控部位
仓库	装卸作业	装卸	未要求进行单件搬运、轻搬轻放，出现碰撞、拖拉、磨擦、翻滚和剧烈振动	爆炸、其他伤害	Ⅳ	全生产先进班组、个人进行奖励，对违反安全制度、规程及劳动纪律的进行惩处。 3. 培训教育措施： 对作业人员进行安全培训，提高安全意识和操作技能。 4. 个体防护措施：配备防静电工作服、不产生火花鞋、防护手套等个体防护用品		⑥作业人员精力分散； ⑦出现漏药、包装箱破损等情况时，未立即停止装卸并处理			
			码垛作业未做到整齐、稳妥、牢固，堆垛离外墙、间距、高度不符合要求	爆炸、其他伤害	Ⅳ				通过监控判断作业行为	视频监控	库房
			作业人员不认真，存在嬉笑打闹，精力分散现象	爆炸、其他伤害	Ⅳ						
			比较大的箱子未由双人操作，存在碰撞、拖拉、磨擦、翻滚、倒置和剧烈振动现象	爆炸、其他伤害	Ⅳ						
			出现漏药、包装箱破损等情况，未立即停止装卸作业，未用不产生火花的工具进行处理	爆炸、其他伤害	Ⅱ						
	搬运作业	搬运	搬运作业中，未采取单件搬运	爆炸、其他伤害	Ⅲ	1. 工程技术措施：使用专用工具。 2. 管理措施： ①有安全管理制	《烟花爆竹作业安全技术规程》(GB 11652—2012) 9.2.1—9.2.5	①搬运作业不规范； ②出现漏药、包装箱破损等情况，未立即停止装卸并处理	通过监控判断作业行为		
			搬运作业中，超过30kg比较大的箱子未由双人搬运	爆炸、其他伤害	Ⅲ						

续表

部位	安全风险评估与管控							隐患违规电子证据			
	作业或活动名称		风险模式	事故类型	风险等级	风险管控措施	参考依据	隐患检查内容	判别方式	监测监控方式	监测监控部位
仓库	搬运作业	搬运	搬运作业中，碰撞、拖拉、磨擦、翻滚、倒置和剧烈振动	爆炸、其他伤害	Ⅲ	度及安全操作规程，并严格执行； ②作业前，对相关设备进行全面检查，确保符合安全要求； ③作业过程中进行巡查，及时制止违章违规行为； ④建立货物查验台账记录，定期检查； ⑤实现安全生产责任考核制度，对安全生产先进班组、个人进行奖励，对违反安全制度、规程及劳动纪律的行为进行惩处。 3. 培训教育措施： 对作业人员进行安全培训，提高安全意识和操作技能。 4. 个体防护措施： 配备防静电工作服、不产生火花鞋、防护手套等个体防护用品	《烟花爆竹作业安全技术规程》（GB 11652—2012）9.2.1～9.2.5	③采用手推车、板车运输物品单件，堆码高度超过围板、挡板高度1/3； ④手推车、板车运输速度过快	通过监控判断作业行为	视频监控	库房
			出现漏药、包装箱破损等情况，未立即停止装卸作业，用产生火花的工具进行处理	爆炸、其他伤害	Ⅱ						
			野蛮搬运	爆炸、其他伤害	Ⅲ						
			采用手推车、板车运输物品单个（件）堆码高度超过围板、挡板高度1/3	爆炸、其他伤害	Ⅲ						
			手推车、板车运输时，行驶速度过快	爆炸、其他伤害	Ⅲ						

续表

部位	安全风险评估与管控							隐患违规电子证据			
	作业或活动名称		风险模式	事故类型	风险等级	风险管控措施	参考依据	隐患检查内容	判别方式	监测监控方式	监测监控部位
仓库	运输配送作业	运输配送	运输车辆未配备押运员	爆炸、车辆伤害、其他伤害	Ⅳ	1. 工程技术措施： 使用专用车辆配送，车辆安装定位系统。 2. 管理措施： ①有安全管理制度及安全操作规程，并严格执行； ②作业前，对车辆备进行全面检查，确保符合安全要求； ③驾驶人员、押运员经过专门培训； ④严格按照规定路线运输； ⑤实现安全生产责任考核制度，对安全生产先进班组、个人进行奖励，对违反安全制度、规程及劳动纪律者进行惩处。 3. 培训教育措施： ①作业人员持证上岗，具有相应资质； ②对作业人员进行安全培训，提高安全意识和操作技能。 4. 个体防护措施：	《烟花爆竹作业安全技术规程》(GB 11652—2012) 9.2.1—9.2.5	运输车辆： ①未配备押运员； ②搭乘无关人员； ③未配备消防灭火器； ④未设置明显的爆炸危险品标志； ⑤超速、抢道、紧急制动、疲劳驾驶等； ⑥无故停车或停车时押运员未下车看守，未设置警示标识； ⑦运输车辆附近吸烟和用火； ⑧未遵守城市规定的时间和路线通过市区	通过监控判断运输车辆车辆搭乘人员	视频监控	库房
			运输车辆搭乘无关人员	爆炸、车辆伤害、其他伤害	Ⅳ						
			运输车辆未配备消防灭火器，未设置明显的爆炸危险品标志	爆炸、车辆伤害、其他伤害	Ⅲ						
			运输过程中存在超速、抢道、紧急制动、疲劳驾驶等不安全行为	爆炸、车辆伤害、其他伤害	Ⅳ						
			运输过程中无故停车，必需停车时押运员未下车看守、未设置警示标识	爆炸、车辆伤害、其他伤害	Ⅲ						
			在易燃易爆场所及重要建筑设施、人员密集的地方停车，在运输车辆附近吸烟和用火	爆炸、车辆伤害、其他伤害	Ⅱ						
			通过市区时，未遵守城市规定的时间和路线，进入禁止爆炸危险物品通行区	爆炸、车辆伤害、其他伤害	Ⅱ						

续表

部位	作业或活动名称		安全风险评估与管控					隐患违规电子证据			
			风险模式	事故类型	风险等级	风险管控措施	参考依据	隐患检查内容	判别方式	监测监控方式	监测监控部位
仓库	运输配送作业	运输配送	运输不合格或不符合国家标准要求的烟花爆竹及其制品	爆炸、车辆伤害、其他伤害	Ⅲ	配备防静电工作服、不产生火花鞋、防护手套等个体防护用品					
	库房日常管理作业	货品存储	烟花爆竹未储存在专用的库房里，未设专人管理，任意存放	爆炸、其他伤害	Ⅳ	1. 工程技术措施： 库房按规定建设，设置静电消除、温湿度计等安全设施装置。 2. 管理措施： ①有安全管理制度及安全操作规程，并严格执行； ②作业前，对相关设备进全面检查，确保符合安全要求； ③作业过程中进行巡查，及时制止违章违规行为； ④建立检查记录、温湿度巡查记录等台账资料； ⑤实现安全生产责任考核制度，对安全生产先进班组、个	1.《烟花爆竹工程设计安全规范》(GB 50161—2009)； 2.《烟花爆竹作业安全技术规程》(GB 11652—2012)； 3.《烟花爆竹 安全与质量》(GB 10631—2013)； 4.《烟花爆竹抽样检查规则》(GB/T 10632—2014)； 5.《建筑物防雷设计规范》(GB 50057—2017)； 6.《建筑设计防火规范》(GB 50016—2014)； 7.《危险货物品名表》(GB 12268—2012)；	烟花爆竹存储： ①未储存在专用的库房里，未设专人管理； ②未对库房温度、湿度监测； ③未建立出入库检查、登记制度； ④库房内超量储存； ⑤未分库储存性质相抵触的烟花爆竹； ⑥货品堆垛不规范。	—	—	库房
			未按规定对库房温度、湿度进行控制	爆炸、其他伤害	Ⅲ						
			未建立出入库检查、登记制度；收存和发放烟花爆竹未进行登记，未做到账目清楚，账物相符	爆炸、其他伤害	Ⅳ						
			库房内储存的烟花爆竹数量超过设计容量	爆炸、其他伤害	Ⅲ						
			性质相抵触的烟花爆竹，未按规定分库储存	爆炸、其他伤害	Ⅲ						
			库房存放其他无关物品	爆炸、其他伤害	Ⅳ						
			货品堆垛不符合规定要求	爆炸、其他伤害	Ⅳ						

续表

部位	安全风险评估与管控							隐患违规电子证据			
	作业或活动名称		风险模式	事故类型	风险等级	风险管控措施	参考依据	隐患检查内容	判别方式	监测监控方式	监测监控部位
仓库	库房日常管理作业	其他	无关人员进入库区	爆炸、其他伤害	Ⅳ	人进行奖励，对违反安全制度、规程及劳动纪律者进行惩处。 3. 培训教育措施：对作业人员进行安全培训，提高安全意识和操作技能。 4. 个体防护措施：配备防静电工作服、不产生火花鞋、防护手套等个体防护用品。	10.《汽车运输、装卸危险货物作业规程》(JT 618—2004)	①无关人员、其他容易引起燃烧、爆炸的物品进入库区； ②在库房内住宿或进行其他活动； ③发现烟花爆竹被盗、丢失，未及时报告当地公安部门； ④变质和过期失效的烟花爆竹未及时清理、销毁； ⑤进入库房未按照要求消除人体静电； ⑥未每天检查记录库房中干湿温度； ⑦在库房内进行可能引起爆炸的作业； ⑧存放过期、变质、收缴品和“三无”产品			
			在库区吸烟和用火，或把其他容易引起燃烧、爆炸的物品带入仓库	爆炸、其他伤害	Ⅲ						
			在库房内住宿或进行其他活动	爆炸、其他伤害	Ⅳ						
			发现烟花爆竹丢失、被盗，未及时报告所在地公安机关	爆炸、其他伤害	Ⅳ						
			变质和过期失效的烟花爆竹，未及时清理出库，予以销毁	爆炸、其他伤害	Ⅳ						
			进入库房出入口未按照要求消除人体静电	爆炸、其他伤害	Ⅲ						
			未每天对库房中干湿温度检查及记录	爆炸、其他伤害	Ⅳ						
			在库房内进行开箱、拆箱、钉箱和其他可能引起爆炸的作业	爆炸、其他伤害	Ⅲ						
			存放过期、变质、收缴品和“三无”产品	爆炸、其他伤害	Ⅳ						

续表

部位	作业或活动名称		安全风险评估与管控					隐患违规电子证据			
			风险模式	事故类型	风险等级	风险管控措施	参考依据	隐患检查内容	判别方式	监测监控方式	监测监控部位
销毁场所	废品报废销毁作业	报废销毁	废次品未按要求集中销毁、未用烧毁法销毁	爆炸、其他伤害	Ⅳ	1. 工程技术措施：使用专用工具。 2. 管理措施： ①有安全管理制度及安全操作规程，并严格执行； ②作业前，对相关设备进全面检查，确保符合安全要求； ③作业过程中进行巡查，及时制止违章违规行为； ④建立货物查验台账记录，定期检查； ⑤实现安全生产责任考核制度，对安全生产先进班组、个人进行奖励，对违反安全制度、规程及劳动纪律者进行惩处。 3. 培训教育措施：对作业人员进行安全培训，提高安全意识和操作技能。 4. 个体防护措施：配备防静电工作服、不产生火花鞋、防护手套等个体防护用品。	《烟花爆竹作业安全技术规程》（GB 11652—2012）13.1～13.7	①废次品未按要求集中销毁； ②未按规定采用远距离点火； ③多批量销毁时前后间隔时间少于10分钟； ④未设置或在专门的销毁区内销毁烟花爆竹货品	通过监控判断产品摆放、人员站位	视频监控	销毁场所
			未按规定将废次品烟花爆竹摊开	爆炸、其他伤害	Ⅳ						
			销毁产品厚度超过单个产品的2倍	爆炸、其他伤害	Ⅳ						
			未按规定采用远距离点火	爆炸、其他伤害	Ⅳ						
			多批量销毁时前后间隔时间少于10分钟	爆炸、其他伤害	Ⅳ						
			未在专门的销毁区内销毁烟花爆竹货品	爆炸、其他伤害	Ⅳ						
			工作人员未站在安全距离以外	爆炸、其他伤害	Ⅳ						

续表

部位	安全风险评估与管控							隐患违规电子证据			
	作业或活动名称		风险模式	事故类型	风险等级	风险管控措施	参考依据	隐患检查内容	判别方式	监测监控方式	监测监控部位
门卫	外来人员、车辆管理	检查登记	未对外来人员车辆进行检查登记	其他伤害	Ⅳ	1. 工程技术措施：设置监控设备、为保卫人员配备必要的检查设备，库区设置专门的火种存放处。 2. 管理措施： ①有安全管理制度及安全操作规程，并严格执行； ②建立外来人员检查、登记台账，并认真记录； ③作业过程中进行巡查，及时制止违章违规行为； ④实现安全生产责任考核制度，对安全生产先进班组、个人进行奖励，对违反安全制度、规程及劳动纪律者进行惩处。 3. 培训教育措施：对作业人员进行安全培训，提高安全意识和操作技能。	《爆炸危险环境电力装置设计规范》(GB 50058—2014)； 《汽车危险货物运输规则》(JT 617—2004)； 《汽车运输、装卸危险货物作业规程》(JT 618—2004)； 《烟花爆竹工厂设计安全规范》(GB 10631—2004)	①未对外来人员、车辆进行检查、登记、安全告知； ②未安装防护帽车辆进入	通过监控判断车辆是否带防火罩、是否在停车位	视频监控	门卫
			外来人员无有效证件或介绍信等，准许其进入库区	爆炸、其他伤害	Ⅳ						
			准许外来人员是否携带火柴、打火机等火种，或其他易燃物品进入	爆炸、其他伤害	Ⅲ						
		采取安全措施	准许无关外来车辆进入库区	爆炸、其他伤害	Ⅳ						
			准许未安装防护帽车辆进入	爆炸、其他伤害	Ⅳ						
			未对外来人员进行安全告知	爆炸、其他伤害	Ⅳ						
			未对进入库区车辆是否安装防火帽进行检查，准许其进入	爆炸、其他伤害	Ⅲ						
			未对进入库区车辆进行安全告知，跟踪管理	爆炸、其他伤害	Ⅳ						
			未告知并引导外来车辆按规定停放	爆炸、其他伤害	Ⅳ						

续表

部位	作业或活动名称		风险模式	事故类型	风险等级	风险管控措施	参考依据	隐患检查内容	判别方式	监测监控方式	监测监控部位
	安全风险评估与管控							隐患违规电子证据			
仓库	安全设施设备管理	管理及检查维护	未按照标准要求，安装设备、电气及线路	火灾、触电、其他伤害	Ⅳ	1. 工程技术措施： 按照设备安全规定，安装有必要的安全防护装置。 2. 管理措施： ①有安全管理制度及安全操作规程，并严格执行； ②建立安全设施设备检查维护记录等台账资料。定期对防雷防静电等设施进行检测； ③落实安全生产责任，加强责任考核。 3. 培训教育措施：对作业人员进行安全培训，提高安全意识和操作技能。 4. 个体防护措施：配备安全帽、防护鞋、工作服等个体防护用品。	《汽车运输、装卸危险货物作业规程》(JT 618—2004)《防静电工作服》(GB 12014—2009)，《烟花爆竹企业安全监控系统通用技术条件》(AQ 4101—2008)，《危险货物运输包装通用技术条件》(GB 12463—2009)，《防止静电事故通用导则》(GB 12158—2006)，《烟花爆竹工程设计安全规范》(GB 50161—2009)； 《烟花爆竹流向登记通用规范》AQ 4102—2008)； 《烟花爆竹 标志》(GB 24426—2015)。	①安全设施器材无专管人员； ②消防器材、消防水泵及用电设备等未定期检修、试运行； ③发生漏电、短路或其他情况以及机器运转不正常时，未按规定处理； ④防雷、防静电设施未按规定定期检测； ⑤消防池未保持随时可用的良好状态	通过热传感器判断是否短路、漏电	传感器监控	库房
			安全设施器材无专人负责管理	火灾、触电、其他伤害	Ⅲ						
			消防设施、用电设备等未定期检修	火灾、触电、其他伤害	Ⅲ						
			电源线路发生漏电、短路或其他情况以及机器运转不正常时，未按规定处理	火灾、触电、其他伤害	Ⅳ						
			防雷、防静电设施未按规定定期检测，保持其灵敏有效	火灾、触电、其他伤害	Ⅳ						
			消防池未保持随时可用的良好状态	火灾、触电、其他伤害	Ⅲ						
			消防器材未按规定进行放置	火灾、触电、其他伤害	Ⅳ						
			消防水泵未定期进行检修、试运行，保证经常处于备用状态	火灾、触电、其他伤害	Ⅳ						
			灭火器未定期送相关部门检验或更换，保持其处于良好状态	火灾、触电、其他伤害	Ⅲ						

续表

部位	作业或活动名称		安全风险评估与管控					隐患违规电子证据			
			风险模式	事故类型	风险等级	风险管控措施	参考依据	隐患检查内容	判别方式	监测监控方式	监测监控部位
经营门店	产品经营	入库	产品未做好入库登记	机械伤害	Ⅳ	1. 管理措施： ①有安全管理制度及安全操作规程，并严格执行； ②建立产品出入库登记、购销档案等台账资料； ③落实安全生产责任，加强责任考核。 2. 培训教育措施：对作业人员进行安全培训，提高安全意识和操作技能。 3. 个体防护措施：配备安全帽、防护鞋、防尘口罩、耳塞、工作服等个体防护用品	《危险货物运输包装通用技术条件》(GB 12463—2009)；《烟花爆竹工程设计安全规范》(GB 50161—2009)； 《烟花爆竹流向登记通用规范》(AQ 4102—2008)； 《烟花爆竹安全与质量》(GB 10631—2013)。	未做好产品入库登记	通过监控判断现场是否超量存放、抽烟等	视频监控	经营门店
		经营	对不符合零售经营并取得“烟花爆竹零售经营许可证”的客户进行供货	机械伤害 物体打击	Ⅲ			①对无证客户供货； ②未建立健全购销档案，并留存备查； ③未按照购销凭证、合同进行经营销售； ④超量存放、未禁烟			
			未建立健全购销档案，并留存备查	机械伤害	Ⅲ						
			未按照购销凭证、合同进行经营销售	机械伤害	Ⅳ						
			超量存放、未禁烟	火灾	Ⅲ						

续表

部位	安全风险评估与管控						隐患违规电子证据			
	作业或活动名称	风险模式	事故类型	风险等级	风险管控措施	参考依据	隐患检查内容	判别方式	监测监控方式	监测监控部位
修理间	机电维修作业	未按要求停电，拉闸错误，带负荷拉闸，无监护人作业等	触电、其他伤害	Ⅲ	1. 工程技术措施： ①按规定使用专用工具及设备； ②电动工具、电气设备等有漏电保护等安全装置。 2. 管理措施： ①有安全管理制度及安全操作规程，并严格执行； ②作业过程中进行巡查，及时制止违章违规行为； ③加强对设备检查、维护保养，确保设备处于良好状态； ④落实安全生产责任，加强责任考核。 3. 培训教育措施： 对作业人员进行安全培训，提高安全意识和操作技能。电工持证上岗。 4. 个体防护措施： 配备防护手套、绝缘手套等个体防护用品。	《烟花爆竹工程设计安全规范》（GB 50161—2009）12.1～12.8	①未按要求、两人进行停送电； ②未按要求悬挂标示牌导致误送电； ③未按要求先检查后送电； ④未穿戴使用绝缘防护用品，带负荷送电，无人监护； ⑤未按要求接地或接地不良； ⑥未使用绝缘工具； ⑦未持证上岗； ⑧电气绝缘失效； ⑨线路负荷超限	—	—	修理间
		未按要求悬挂标示牌导致在有人工作线路上误送电	触电、其他伤害	Ⅲ						
		未按要求先检查后送电；检查不到位	触电、其他伤害	Ⅲ						
		未穿戴使用绝缘防护用品，带负荷送电，无人监护	触电、其他伤害	Ⅲ						
		未按要求接地或接地不良	触电、其他伤害	Ⅳ						
		工具使用不当；未使用绝缘工具	触电、其他伤害	Ⅲ						
		未持证上岗；电气绝缘失效；线路负荷超限	触电、其他伤害	Ⅲ						

续表

部位	安全风险评估与管控						隐患违规电子证据			
	作业或活动名称	风险模式	事故类型	风险等级	风险管控措施	参考依据	隐患检查内容	判别方式	监测监控方式	监测监控部位
仓库	临时用电	安装临时线路人员未持有电工作业证	触电、其他伤害	Ⅲ	1. 工程技术措施： ①按规定使用专用工具及设备； ②电动工具、电气设备等有漏电保护等安全装置。 2. 管理措施： ①有安全管理制度及安全操作规程，并严格执行； ②作业过程中进行巡查，及时制止违章违规行为； ③加强对设备检查、维护保养，确保设备处于良好状态； ④落实安全生产责任，加强责任考核。 3. 培训教育措施： 对作业人员进行安全培训，提高安全意识和操作技能。电工持证上岗。 4. 个体防护措施： 配备防护手套、绝缘手套等个体防护用品	《爆炸危险环境电力装置设计规范》(GB 50058)；《建设工程施工现场供用电安全规范》(GB 50194)；《施工现场临时用电安全技术规范》(JGJ 46—2005)	①安装临时线路人员未持证； ②临时用电的单相和混用线路未采用五线制； ③临时用电线路架空高度不符合要求； ④暗管埋设及地下电缆线路未设走向标志和安全标志，电缆深埋0.7m； ⑤现场临时用电配电盘、配电箱未设置防雨措施； ⑥现场临时用电未安装漏电保护器； ⑦电工防护用品穿戴不齐全； ⑧电工工具绝缘不良	—	—	库房
		临时用电的单相和混用线路未采用五线制	触电、其他伤害	Ⅲ						
		临时用电线路架空高度在装置内低于2.5m，道路低于5m	触电、其他伤害	Ⅲ						
		暗管埋设及地下电缆线路未设走向标志和安全标志，电缆深埋0.7m	触电、其他伤害	Ⅲ						
		现场临时用电配电盘、配电箱应未有防雨措施	触电、火灾	Ⅳ						
		现场临时用电未安装漏电保护器	触电、火灾	Ⅲ						
		电工防护用品穿戴不齐全	触电、火灾	Ⅲ						
		电工工具绝缘不良	触电、火灾	Ⅲ						

续表

部位	安全风险评估与管控						隐患违规电子证据			
	作业或活动名称	风险模式	事故类型	风险等级	风险管控措施	参考依据	隐患检查内容	判别方式	监测监控方式	监测监控部位
仓库	高处作业	作业人员未佩戴安全带	高处坠落	Ⅲ	1. 工程技术措施： 作业所需工器具、防护器具符合要求。 2. 管理措施： 有危险作业管理制度及操作规程，严格执行作业票审批制度。作业过程中，安全员现场监控。 3. 培训教育措施： 加强对作业人员安全培训，提高安全意识及操作技能。作业人员持证上岗。 4. 个体防护措施： 配备防护服、防护手套、安全绳等防护用品		①作业人员未佩戴安全带； ②作业人员未携带工具袋； ③垂直分层中间未有隔离设施； ④梯子或绳梯不符合安全规程规定	—	—	库房
		作业人员未携带工具袋	物体打击、其他伤害	Ⅳ						
		垂直分层中间未有隔离设施	物体打击、其他伤害	Ⅲ						
		梯子或绳梯不符合安全规程规定	高处坠落	Ⅲ						

二、烟花爆竹经营企业“五高”风险指标

为突出××公司安全风险重点区域、关键岗位和危险场所，依据《烟花爆竹行业“五高”风险评估法》，将××公司相对风险较大的仓库、配送运输和零售经营门店单元单独提出，进行风险分析评估。

在风险单元区域内，以可能发生的本单元重特大事故点作为风险点。基于单元事故风险点，分析事故致因机理，评估事故严重后果，并从高风险物品、高风险工艺、高风险设备、高风险场所、高风险作业（五高风险）辨识高危风险因子。

1. 烟花爆竹仓库单元“五高”固有风险指标

烟花爆竹仓库“五高”固有风险指标见表 5-21。

表 5-21 烟花爆竹仓库“五高”固有风险指标

典型事故风险点	风险因子	要素	指标描述	特征值		依据
燃烧爆炸事故风险点	高风险设施	转运车辆	动力方式	人力	分档	GB 10631—2013
			车辆类型	板车、手推车	分档	GB 10631—2013
	高风险工艺	监测监控系统	监测监控设施完好水平	温度监测	失效率	GB 10631—2013、GB 11652—2012
				湿度监测	失效率	
				视频监控设施	失效率	
				烟感传感器	失效率	
				声光报警器	失效率	
				防雷设施接地电阻监测	失效率	
				监控系统接地电阻监测	失效率	
				排风扇电源接地电阻监测	失效率	
	高风险场所	维修车间	人员风险暴露	场所人员暴露指数		GB 18218—2018、GB 11652—2012
		开票区				
		宿舍区				
		试放区				
		销毁场所				

续表

<table>
<tr><th>典型事故风险点</th><th>风险因子</th><th>要素</th><th>指标描述</th><th colspan="2">特征值</th><th>依据</th></tr>
<tr><td rowspan="13">燃烧爆炸事故风险点</td><td>高风险物品</td><td colspan="2">组合烟花</td><td>物质危险性</td><td>燃烧爆炸性</td><td>GB 10631—2013</td></tr>
<tr><td rowspan="7">高风险物品</td><td colspan="2">爆竹</td><td rowspan="7"></td><td rowspan="7"></td><td rowspan="7"></td></tr>
<tr><td colspan="2">高氯酸钾、硝酸钾、氧化铜、硝酸钡等</td></tr>
<tr><td colspan="2">镁铝合金粉、硫黄等</td></tr>
<tr><td colspan="2">树脂、纸张、酒精等</td></tr>
<tr><td colspan="2">黑火药及引线等</td></tr>
<tr><td colspan="2">邻苯二甲酸氢钾等</td></tr>
<tr><td colspan="2">火硝、硫黄等</td></tr>
<tr><td rowspan="5">高风险作业</td><td rowspan="5">特种作业</td><td rowspan="5">高风险作业种类</td><td colspan="2">值班员</td><td rowspan="5">特种作业人员安全技术培训考核管理规定</td></tr>
<tr><td colspan="2">保管员</td></tr>
<tr><td colspan="2">守护员</td></tr>
<tr><td colspan="2">搬运员</td></tr>
<tr><td colspan="2">装货员</td></tr>
</table>

2. 烟花爆竹配送运输单元“五高”固有风险指标

烟花爆竹配送运输“五高”固有风险指标，见表 5-22。

表 5-22 烟花爆竹配送运输“五高”固有风险指标

<table>
<tr><th>典型事故风险点</th><th>风险因子</th><th>要素</th><th>指标描述</th><th colspan="2">特征值</th><th>依据</th></tr>
<tr><td rowspan="10">燃烧爆炸事故风险点</td><td rowspan="4">高风险设备</td><td rowspan="4">车辆</td><td rowspan="4">本质安全化水平</td><td rowspan="2">故障安全</td><td>失误安全</td><td rowspan="4">GB 50161—2009</td></tr>
<tr><td>失误风险</td></tr>
<tr><td rowspan="2">故障风险</td><td>失误安全</td></tr>
<tr><td>失误风险</td></tr>
<tr><td rowspan="6">高风险工艺</td><td rowspan="6">监测监控系统</td><td rowspan="6">监测监控设施完好水平</td><td>温度监测</td><td>失效率</td><td>GB 10631—2013、GB 11652—2012</td></tr>
<tr><td>湿度监测</td><td>失效率</td><td rowspan="5"></td></tr>
<tr><td>视频监控设施</td><td>失效率</td></tr>
<tr><td>烟感传感器</td><td>失效率</td></tr>
<tr><td>声光报警器</td><td>失效率</td></tr>
<tr><td>驾驶室内的车载控制器</td><td>失效率</td></tr>
</table>

续表

典型事故风险点	风险因子	要素	指标描述	特征值		依据
燃烧爆炸事故风险点	高风险工艺	监测监控系统	监测监控设施完好水平	存储器	失效率	
				全球定位(GPS)	失效率	
				显示屏	失效率	
				短信息收发设备	失效率	
				车辆前部碰撞传感器	失效率	
	高风险场所	公路、市民	人员风险暴露	场所人员暴露指数		GB 18218—2018 GB 11652—2012
	高风险物品(能量)	高氯酸钾、硝酸钾、氧化铜、硝酸钡等		物质危险性	燃烧爆炸性	GB 10631—2013、GB 11652—2012、GB 18218—2018
		镁铝合金粉、硫黄等				
		树脂、纸张、酒精等				
		黑火药及引线等				
		邻苯二甲酸氢钾等				
		火硝、硫黄等				
	高风险作业	危险作业	高风险作业种类数	驾驶员		特种作业人员安全技术培训考核管理规定
				押运员		
				装货员		
				搬运员		

3. 烟花爆竹零售经营门店单元“五高”固有风险指标

零售经营门店单元“五高”固有风险指标，见表5-23。

表5-23 烟花爆竹零售经营门店“五高”固有风险指标

典型事故风险点	风险因子	要素	指标描述	特征值		依据
燃烧爆炸事故风险点	高风险工艺	监测监控系统	监测监控设施完好水平	温度监测	失效率	GB 10631—2013、GB 11652—2012
				湿度监测	失效率	
				视频监控设施	失效率	
				烟感传感器	失效率	
				声光报警器	失效率	

续表

<table>
<tr><th>典型事故风险点</th><th>风险因子</th><th>要素</th><th>指标描述</th><th colspan="2">特征值</th><th>依据</th></tr>
<tr><td rowspan="9">燃烧爆炸事故风险点</td><td rowspan="3">高风险工艺</td><td rowspan="3">监测监控系统</td><td rowspan="3">监测监控设施完好水平</td><td>防雷设施接地电阻监测</td><td>失效率</td><td rowspan="3">GB 10631—2013、GB 11652—2012</td></tr>
<tr><td>监控系统接地电阻监测</td><td>失效率</td></tr>
<tr><td>排风扇电源接地电阻监测</td><td>失效率</td></tr>
<tr><td>高风险场所</td><td>经营门店</td><td>人员风险暴露</td><td colspan="2">场所人员暴露指数</td><td>GB 18218—2018、GB 11652—2012</td></tr>
<tr><td rowspan="2">高风险物品（能量）</td><td colspan="2">组合烟花</td><td rowspan="2">物质危险性</td><td rowspan="2">燃烧爆炸性</td><td rowspan="2">GB 10631—2013、GB 11652—2012</td></tr>
<tr><td colspan="2">爆竹</td></tr>
<tr><td rowspan="3">高风险作业</td><td rowspan="3">特种作业</td><td rowspan="3">高风险作业种类</td><td colspan="2">销售员</td><td rowspan="3">特种作业人员安全技术培训考核管理规定</td></tr>
<tr><td colspan="2">卸货员</td></tr>
<tr><td colspan="2">守护员</td></tr>
</table>

三、“五高”重大风险评估

（一）单元安全风险辨识

根据××公司的有关技术资料和现场调研、类比调查的结果，以及××公司系统特点，在危险有害因素辨识、分析的基础上，以批发仓库、配送运输和零售经营门店作为整个系统的单元进行评估。

（二）单元风险点风险严重度（固有风险）评估

以××烟花爆竹有限责任公司的烟花爆竹储存、配送运输和零售经营为例进行测算。

1. 烟花爆竹仓库单元

（1）高危风险管控指标调控　××烟花爆竹有限责任公司提供资料显示，安全生产标准化等级为三级，标准化三级评审得分 76 分。

此处未获取到单元动态风险指标对固有风险的扰动值，计算出最终单元高危风险管控频率（G）为 1.32。

（2）初始（现实）安全风险评估　未考虑单元动态风险指标对固有风险、高危风险管控指标的扰动值时，求得固有风险指数 H_5 为 6.12，求得高危风险管控频率为1.32，计算出初始（现实）安全风险值R_0为8.08。

判定出初始（现实）安全风险等级为低风险。

(3) 风险动态调控结果　对初始（现实）安全风险动态修正：××烟花爆竹有限责任公司经营区照常运行中，且调研期间系统处在维护中，所以未采集到监测项目预警结果，即a_1、a_2、a_3都为零，高危风险监测特征修正系数K_3为1。依据实际情况，其他安全生产基础管理动态指标、特殊时期指标、高危风险物联网、自然环境、仓库综合治理均取值为1。

综上，经动态指标调控，最终的单元现实安全风险值R_N为8.08，最终单元安全风险等级为低风险，蓝色预警信号。

2. 烟花爆竹配送运输单元

(1) 高危风险管控指标调控　××烟花爆竹有限责任公司提供资料显示，安全生产标准化等级为三级，标准化三级评审得分82分。

此处未获取到单元动态风险指标对固有风险的扰动值，计算出最终单元高危风险管控频率（G）为1.05。

(2) 初始（现实）安全风险评估　未考虑单元动态风险指标对固有风险、高危风险管控指标的扰动值时，求得固有风险指数H_6为12.24，求得高危风险管控频率为1.22，计算出初始（现实）安全风险值R_0为14.93。

判定出初始（现实）安全风险等级为低风险。

(3) 风险动态调控结果　对初始（现实）安全风险动态修正：××烟花爆竹有限责任公司经营区照常运行中，且调研期间系统处在维护中，所以未采集到监测项目预警结果，即a_1、a_2、a_3都为零，高危风险监测特征修正系数K_3为1。依据实际情况，其他安全生产基础管理动态指标、特殊时期指标、高危风险物联网、自然环境、企业综合治理均取值为1。

综上，经动态指标调控后，最终的单元现实安全风险值R_N为14.93，最终单元安全风险等级为低风险，蓝色预警信号。

3. 零售经营门店单元

(1) 高危风险管控指标调控　××烟花爆竹有限责任公司提供资料显示，安全生产标准化等级为三级，标准化三级评审得分78分。

此处未获取到单元动态风险指标对固有风险的扰动值，计算出最终单元高危风险管控频率（G）为1.28。

(2) 初始（现实）安全风险评估　未考虑单元动态风险指标对固有风险、高危风险管控指标的扰动值时，求得固有风险指数 H_7 为 10.63，求得高危风险管控频率为 1.28，计算出初始（现实）安全风险值 R_0 为 13.61。

判定出初始（现实）安全风险等级为低风险。

(3) 风险动态调控结果　对初始（现实）安全风险动态修正：××烟花爆竹有限责任公司烟花爆竹经营区照常运行中，且调研期间系统处于维护中，所以未采集到监测项目预警结果，即 a_1、a_2、a_3 都为零，高危风险监测特征修正系数 K_3 为 1。依据实际情况，其他安全生产基础管理动态指标、特殊时期指标、高危风险物联网、自然环境、仓库综合治理均取值为 1。

综上，经动态指标调控后，最终的单元现实安全风险值 R_N 为 13.61，最终单元安全风险等级为低风险，蓝色预警信号。

（三）企业风险聚合

1. 单元现实风险 R_{Ni}

$$R_{N1}=8.08;\ R_{N2}=14.93;\ R_{N3}=13.61$$

2. 企业整体风险（R）

企业内单元现实风险以最大值 $\max(R_{Ni})$ 确定，则企业整体风险为：

$$R=\max(R_{Ni})=14.93$$

按照表 4-24 的标准判定，该企业风险等级为低风险，蓝色预警信号。

参考文献

[1] 李刚．烟花爆竹经营行业风险预警与管控研究[D]．武汉：中南财经政法大学，2019.

[2] 马洪舟．烟花爆竹生产企业爆炸事故风险评估及控制研究[D]．武汉：中南财经政法大学，2020.

[3] 国家安全生产监督管理总局宣传教育中心．烟花爆竹经营单位主要负责人和安全管理人员培训教程[M]．北京：冶金工业出版社，2010.

[4] 徐克．基于重特大事故预防的“五高”风险管控体系[J]．武汉理工大学学报(信息与管理工程版)．2017，39(6)：649-653.

[5] 罗聪，徐克，刘潜，赵云胜．安全风险分级管控相关概念辨析[J]．中国安全科学学报，2019，(10)：43-50.

第六章 烟花爆竹企业风险分级管控

第一节　政府监管

一、日常分级监管

1. 风险点管理分工

应对风险点进行分级管理。根据危险严重程度分为 A、B、C、D 级（A 为最严重，D 为最轻）。

A 级风险点由公司、生产部、仓库、销售班四级对其实施管理，B 级风险点由生产管理部、仓库、经营门店、销售班三级对其实施管理，C 级风险点由经营门店、销售班二级对其实施管理，D 级风险点由销售班对其实施管理[1,3]，详见图 6-1。

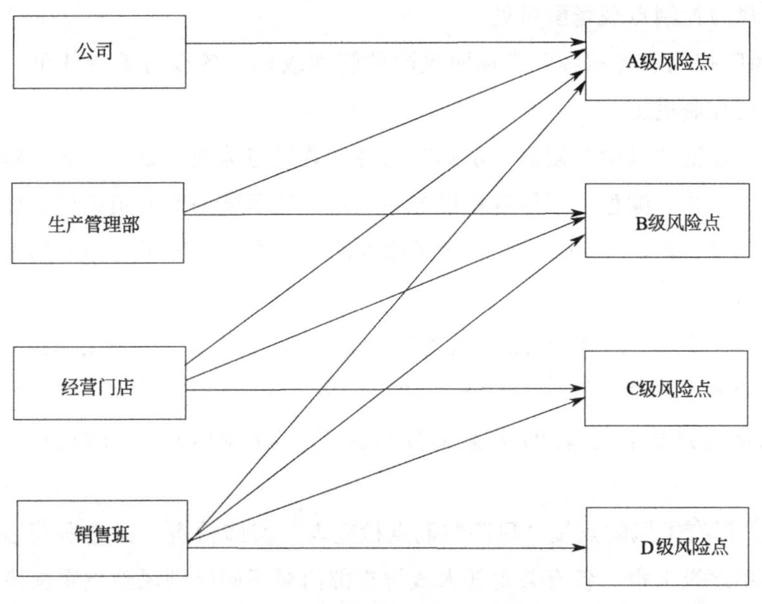

图 6-1　危险源管理分工示意图

2. 管理机构责任人

各级风险点对应责任人及检查部门、监督部门见表 6-1。

表 6-1 各级风险点对应责任人及检查、监督部门

管理机构	责任人	检查部门	监督部门
公司	A 级——主管副经理	相关职能科室	安全
生产管理部	A 级——经理 B 级——主管副经理	相关职能科室	安全
经营门店	A、B 级——生产管理部主任；C 级——主管副主任	生产管理部、相关职能部门及班组	生产
销售班	A、B、C、D 级——班长	有关班组	安全员

3. 风险点日常管理措施

(1) 制定并完善风险控制对策 风险控制对策一般在风险源辨识清单中记载。为了保证风险点辨识所提对策的针对性和可操作性，有必要通过销售班风险预知活动对其补充、完善。此外，还应以经补充、完善后的风险控制对策为依据对操作规程、作业标准中与之相冲突的内容进行修改或补充完善。

(2) 树立“危险控制点警示牌” “风险控制点警示牌”应牢固树立（或悬挂）在风险控制点现场醒目处。

“风险控制点警示牌”应标明风险源管理级别、各级有关责任单位及责任人、主要控制措施。

为了保证“风险控制点警示牌”的警示效果与美观一致性，最好对警示牌的材质、大小、颜色、字体等作出统一规定。警示牌一般采用钢板制作，底色采用黄色或白色，A、B、C、D 级风险源的风险控制点警示牌分别用不同颜色字体书写。

(3) 制定“风险控制点检查表”（对检修单位为“开工准备检查表”） 风险点辨识材料经验收合格后应按计划分步骤地制定风险控制点检查表，以便通过该检查表的实施掌握有关动态危险信息，为隐患整改提供依据。

(4) 对有关风险点按“风险控制点检查表”实施检查。检查所获结果用隐患上报单逐级上报。各有关责任人或检查部门对不同级别风险点实施检查的周期见表 6-2。

表 6-2 对风险点实施检查的周期

责任人或检查部门	风险点级别	检查周期
销售班	A、B、C、D级	每班至少一次
经营门店安全员	A、B、C级	每天一次
经营门店各副经理	C级	每周一次
经营门店经理	A、B级	每旬一次
生产管理部安全主任	A、B级	每半月一次
生产管理部各主管副主任	B级	每月一次
生产管理部主任	A级	每月一次
公司安全部门	A级	每月抽查一次
公司副经理	A级	每季听一次汇报,半年自查一次
公司经理	A级	每季听取一次汇报

① 对于检修单位，应于检修或维护作业前对作业对象、环境、工具等进行一次彻底的检查，对本单位无力整改的问题同时制作为隐患上报单逐级上报。

② 公司安全部门对全公司 A、B 级风险点的抽查应保证覆盖面（每年每个 A 级风险源至少抽查一次）和制约机制（保证一年中有适当的重复抽查）。

③ 对尚未进行彻底整改的危险因素，本作“谁主管、谁负责”的原则，由风险点所属的管理部门牵头制定措施，保证不被触发引起事故。

二、风险预警动态管控

依据紧急程度，分红、橙、黄、蓝四种预警。对于红色、橙色紧急状态，需填写相应颜色的风险反馈单，递交县级以上相关部门立即或限期事故整改[2,3]。

① 红色预警　可能威胁到人的生命安全的严重风险，立即停止现场生产作业活动，组织风险与隐患整改。需县级以上相关部门介入调查并进行解决的重要事故隐患。

② 橙色预警　可能造成工伤的较大事故隐患，责令停止相关作业，先组织整改。由于这会较大程度上影响工期，且事故后恢复正常作业较慢，所以需要县级部门出具限期企业解决的风险与隐患的通知单。

③ 黄色预警　一般的工程质量问题或不会造成人员伤害的风险，不影响

工程进度，且事故处理较为简单，可直接由企业处理解决轻度风险与隐患。

④ 蓝色预警　可接受的风险，一般由企业班组责任人做好日常管理。

三、基于隐患和违章电子取证的远程管控与执法

实施隐患治理动态化管理，依托智慧安监与事故应急一体化云平台，形成统一的隐患捕获、远程执法、治理、验收方法[1,2]：

1. 建立在线监测监控系统

烟花爆竹仓库范围内人员是影响烟花爆竹经营企业安全风险的重要因素。流动人员如临时作业人员、监管人员、购买商、附近村民等进入库区，同样会影响烟花爆竹经营企业的动态安全风险。因此，企业对流动人员的监控有待加强，建议在门卫设置人员在线监控装置，对进入库区的流动人员实行监测。

2. 企业隐患排查与上报

由公司总经理组织主持召开月度隐患排查会议，参加人员为：分管副总经理、各部室负责人及专业技术人员及经营门店主要负责人、主管技术员等。会议研究烟花爆竹企业范围内安全生产隐患月度排查工作并制定安全技术措施(或方案)、落实责任部门和责任人。公司销售管理部负责编制会议纪要并上报。烟花爆竹仓库月度隐患排查纪要应在公司安全信息网发布，各经营门店要学习仓库月度隐患排查纪要内容，相关岗位人员负责各单位学习贯彻情况的日常检查。

企业隐患上报。由公司隐患排查治理办公室负责，于每月 25 日前，将本月隐患治理情况及下月隐患排查情况，形成隐患排查会议纪要并上报，其他有关安全生产隐患按上级规定及时进行上报。烟花爆竹生产经营单位重大生产事故隐患判定标准见表 6-3。

表 6-3　烟花爆竹生产经营单位重大生产事故隐患判定标准（试行）

序号	隐患描述
1	主要负责人、安全生产管理人员未依法经考核合格
2	特种作业人员未持证上岗，作业人员带药检查维修设备设施
3	职工自行携带工器具进厂进行涉药作业
4	工(库)房实际作业人员数量超过核定人数

续表

序号	隐患描述
5	工(库)房实际滞留、存储药量超过核定药量
6	工(库)房内、外部安全距离不足,防护屏障缺失或者不符合要求
7	防静电、防火、防雷设备设施缺失或者失效
8	擅自改变工(库)房用途或者违规私搭乱建
9	工厂围墙缺失或者分区设置不符合国家标准
10	将氧化剂、还原剂同库储存、违规预混或者在同一工房内粉碎、称量
11	在用涉药机械设备未经安全性论证或者擅自改变用途
12	中转库、药物总库和成品总库的存储能力与设计产能不匹配
13	未建立与岗位相匹配的全员安全生产责任制或者未制定实施生产事故隐患排查治理制度
14	出租、出借、转让、买卖、冒用或者伪造许可证
15	生产经营的产品种类、危险等级超许可范围或者生产使用违禁药物
16	分包转包生产线、工房、库房组织生产经营
17	一证多厂或者多股东各自独立组织生产经营
18	许可证过期、整顿改造、恶劣天气等停产停业期间组织生产经营
19	烟花爆竹仓库存放其他爆炸物等危险物品或者生产经营违禁超标产品
20	零售点与居民居住场所设置在同一建筑物内或者在零售场所使用明火

3. 远程执法

为提高隐患信息传递效率，方便隐患排查治理系统用户能及时掌握隐患排查情况，接收隐患排查工作任务，系统中借助短信通知功能，使隐患排查治理工作的各个环节都能以手机短信的方式通知到相关人员。上级部门若在监测系统中发现事故隐患，可利用信息手段及时捕获隐患证据，并告知企业，限期整改。

4. 公示

由公司隐患排查治理办公室负责，将每月进行的安全隐患排查结果在安全信息网进行公示，公示内容具体包含隐患类型、处理形式、负责人、所属部门、整改意见以及整改期限等。经营门店在经营场所悬挂的隐患治理牌板上要公示月度排查出的C级以上隐患。

5. 治理

排查出的B级及以上安全隐患，按照公司隐患排查纪要要求，由所在部门专业负责，由各分管副总经理负责组织力量进行治理。隐患治理由各部门专业负责制定技术措施并实施，公司安全部门对分管部门治理措施的落实和治理过程进行跟踪监管，若查出结果为A级隐患，需公司进行处理，迅速呈报上级部门，由上级部门确认接管进行协商治理。

6. 验收

由分管副总经理牵头，销售部门、公司安全部门参加验收，销售部门出具验收单、存档，并报隐患排查治理办公室一份，由公司对各隐患排查结果进行协调处理，并最终报上级部门审查验收。

7. 考核

A级以下的隐患在治理完成后交由隐患排查治理办公室进行综审，检查其整改的结果是否达标，是否有隐患复现的可能并最终上报公司。A级隐患治理完成后，要向公司提交申请，安排专家组包括上级工作人员共同进行考核。

四、安全风险信息化管控手段

（一）智能监测系统

1. 数据标准体系建立

按照“业务导向、面向应用、易于扩展、实用性强、便于推行”的思路建立数据标准体系。通过参考现有标准制定数据标准，既可规范数据的质量，又可提高数据的标准化，从而奠定“一张图”建设的基础。

2. 有机数据体系建立

数据体系建设应包括全层次、全方位和全流程，从烟花爆竹“天地一体化”数据采集与风险点的风险分级管控、隐患排查治理与安全执法所产生的两大数据主线入手，确保建立危险源全方位数据集。有机数据体系具体包括基础测绘地理信息数据、企业基本信息数据、风险源空间与属性信息数据、风险点生产运行安全关键控制参数、危险源稳定性计算数据、危险源周边环境高分辨率对地观测系统智能化检测数据、监管监察业务数据、安全生产辅助决策数据和交换共享数据等。

3. 核心数据库建立

以“一数一源、一源多用”为主导，建立科学有效的烟花爆竹“一张图”核心数据库，其实质是加强风险点的相关数据管理，规范数据生产、更新和应用工作，提高数据的应用水平，建立覆盖企业全生命周期的一体化数据管理体系。

4. 安全管理基础数据库

安全管理基础数据库是烟花爆竹仓库“一张图”全域监管核心数据库建立的空间定位基础，基础地理信息将烟花爆竹仓库在空间上统一起来。安全管理基础数据库主要包括企业基本信息子库和时空地理信息子库，企业基本信息子库包括企业基本情况、责任监管信息、标准化、行政许可文件、应急资源、生产事故等数据；时空地理信息子库包括基础地形数据、大地测量数据、行政区划数据、高分辨率对地观测数据、三维激光扫描等数据。

5. 安全监管监察数据库

安全监管监察数据库主要包括风险分级管控子库和隐患排查治理子库。风险分级管控子库包括风险点生产运行安全控制关键参数（如仓库的库存量、货物堆垛、温度湿度等）、统计分析时间序列关键参数，其作用是进行动态风险评估，为智能化决策提供数据支撑。隐患排查治理子库包括隐患排查、登记、评估、报告、监控、治理、销账等7个环节的记录信息，其作用是加强安全生产周期性、关联性等特征分析，做到来源可查、去向可追、责任可究、规律可循。

6. 共享与服务数据库

共享与服务数据库主要包括交换共享子库和公共服务子库。交换共享子库包括指标控制、协同办公、联合执法、事故调查、协同应急、诚信等数据；公共服务子库包括信息公开、信息查询、建言献策、警示教育、举报投诉、舆情监测预警发布、宣传培训、诚信信息等数据。

纵向横向整合全省资源，实现信息共享。在“一张图”里，囊括湖北省内主要风险点和防护目标，涵盖主要救援力量和保障力量。一旦发生灾害事故，点开这张图，一分钟内便可查找出事故发生地周边有多少危险源、应急资源和防护目标，可以快速评估救援风险，快速调集救援保障力量投入到应急救援中去，让风险防范、救援指挥看得见、听得到、能指挥，为应急救援装上“智慧大脑”，实现科学、高效、协同、优化的智能应急。

根据应急响应等级，以事发地为中心，对周边应急物资、救援力量、重点保护设施及危险源等智能化精确分析研判，结合相应预案科学分类生成应急处置方案，系统化精细响应预警。同时对参与事件处置的相关人员、涉及避险转移相关场所，通过可视化精准指挥调度，实现高效快速处置突发事件。同时，通过“风险一张图”，可分区域分类别，快速评估救援能力，为准确评估区域、灾种救援能力、保障能力奠定了基础；另外，还实现了主要风险、主要救援力量、保障力量的一张图部署和数据的统一管理，解决了资源碎片化管理、风险单一化防范的问题，有效保障了数据的安全性。

（二）风险一张图

为了更好地实现烟花爆竹仓库动态风险评估、摸清危险源本底数据、搞清危险源状况，提出了烟花爆竹仓库全域监管的安全风险“一张图”。宏观层面上，“一张图”全域监管是为危险源的形势分析、隐患排查、辅助决策、交换共享和公共服务提供数据支撑所必需的政策法规、体制机制、技术标准和应用服务的总和；微观层面上，其基于地理信息框架，采用云技术、网络技术、无线通信等数据交换手段，按照不同的监管、应用和服务要求将各类数据整合到统一的地图上，并与行政区划数据进行叠加，绘制省、市、县以及企业安全风险和重大事故隐患分布电子图，共同构建统一的综合监管平台，实现风险源的动态监管，是全面展示危险源现状的“电子挂图”。

烟花爆竹仓库安全风险“一张图”全域监管体系由“1个集成平台、2条数据主线、3个核心数据库”构成，详细架构见图6-2。

“1个集成平台”，即地理信息系统集成平台，归集、汇总、展示全域所有的企业安全生产信息、安全政务信息、公共服务信息等；

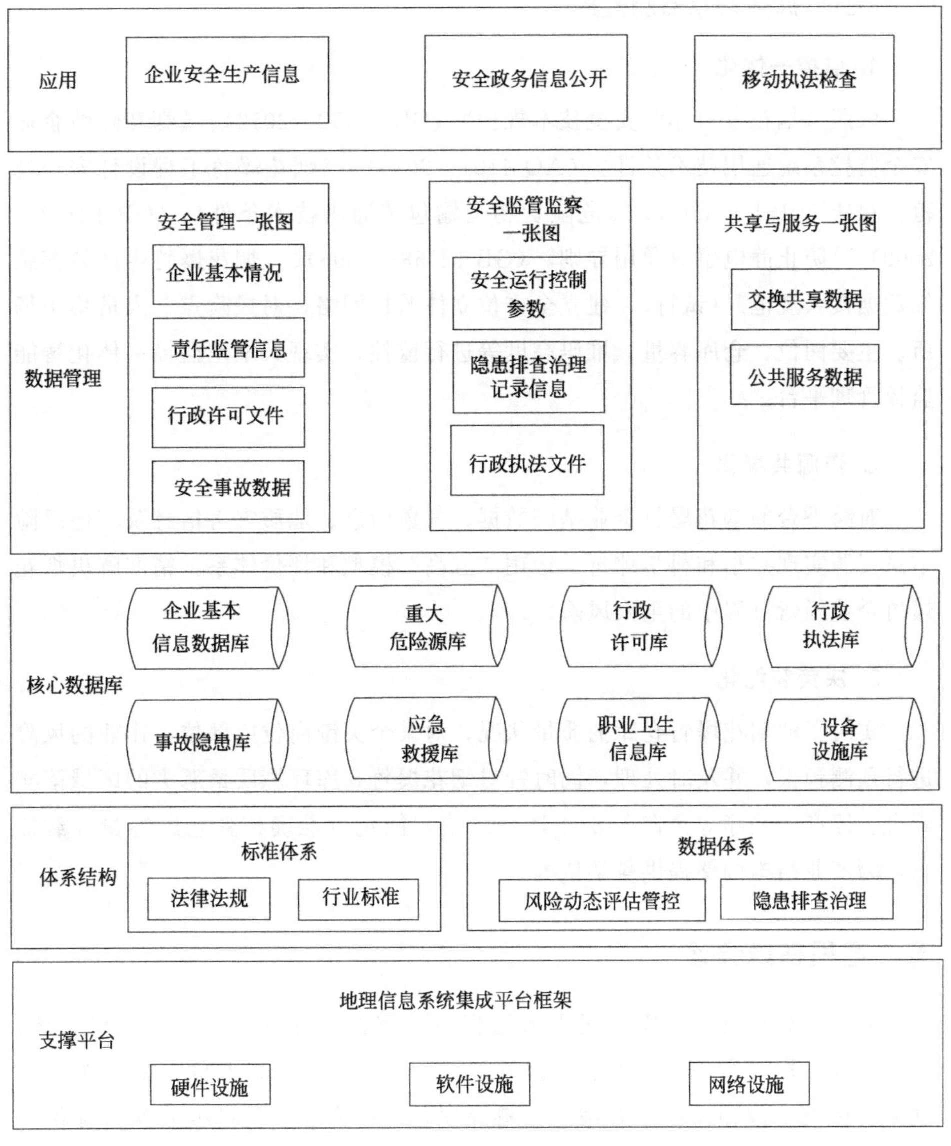

图 6-2 “一张图”全域监管体系总体架构

“2 条数据主线”，即基于地理信息数据的风险分级管控数据流和隐患排查治理数据流；

“3 个核心数据库”，即安全管理基础数据库、安全监管监察数据库和公共服务数据库。

（三）风险智慧监测监控

1. 监控一体化

依照《烟花爆竹作业安全技术规程》（GB 11652—2012）、《烟花爆竹企业安全监控系统通用技术条件》（AQ 4101—2016）、《烟花爆竹工程设计安全规范》（GB 50161—2009）、《危险货物运输包装通用技术条件》（GB 12463—2009）、《防止静电事故通用导则》（GB 12158—2006）、《烟花爆竹生产储存感知数据接入规范》（试行），建立全方位立体监控网络，对风险点、人员集中场所、主要岗位、仓库容量、堆码高度等进行监控，实现天地空监控一体化智能监控管理平台。

2. 资源共享化

对跨平台的烟花爆竹企业基础数据、气象信息、地质灾害信息及其他风险信息资源实现共享和科学评价，运用“五高”模型和评价体系，精准解决烟花爆竹企业经营过程中的重大风险。

3. 决策智能化

实时了解烟花爆竹仓库的质量状况，对某个关键岗位或部位、作业的风险进行预测预报，并及时处理，同时针对烟花爆竹仓库环境质量恶劣的区域落实限批、停产、关停等风险经济手段。决策智能化可准确核算仓库容量存载能力，为产业结构调整提供科学依据。

五、远程在线会诊

通过对烟花爆竹仓库现场引入远程视频监控管理系统，利用现代科技，优化监控手段，实现实时的、全过程的、不间断的监管，不仅有效杜绝了管理人员脱岗失位和操作工人偷工减料等现象，也为处理质量事故纠纷提供一手资料，同时也可以在此基础上建立曝光平台，增强质量监督管理的威慑力。

1. 监督模式

鉴于烟花爆竹仓库周边环境管控要求多，如有村庄、学校、职工人数在50人及以上的企业、有摘挂作业的铁路车站站界及建筑物、220kV以下的区域变电站、220kV 架空输电线路等，该系统根据现场实地需求灵活配置，并有可移动视录设备配合使用，现场条件限制小。该监督模式与企业管理平台和执法监督部门网络终端相连接，仓库现场图像清晰，能稳定实时上传并在有效期内保存，便于执法监督人员实时查看和回放，可有效提高监督执法人员的工作效率，并实现全过程监管。

2. 远程管理

借助网络实现在线管理，通过语音、文字实时通信系统与企业、现场的管理人员在线交流，及时发现问题并整改。通过远程实时监控掌握工程进度，合理安排质监计划，使监管更具实效性与针对性，有助于提高风险管理水平，并实现预防管控。

3. 远程监督

监控系统能够直观体现烟花爆竹仓库风险、现场的质量问题，节约处理时间，使风险问题能够高效率解决。对于一些现场复杂、工艺参数繁琐的烟花爆竹仓库，可邀请相关技术专家通过远程网络指导系统及时解答仓库现场中出现的问题，对风险管控难点或不妥之处进行及时沟通与协调。

六、远程执法

通过调用远程视频监控设备设施，结合执法记录仪和执法终端，即时汇总、分析、处理相关信息，依法判断现场是否违规，并下达执法文书，实现远程执法目的。

(1) 将纳入风险管控信息平台的企业定义为注册企业和联网企业。注册企业是建立双重预防机制的企业；联网企业是基于双重预防机制，通过实时监测系统或监测终端，与信息平台进行数据联网的企业。

(2) 风险管控功能除展示注册企业和联网企业的双重预防机制建设情况外，还通过风险报送系统展示企业的风险辨识和管控结果，进而分色展示风险分布情况。

(3) 隐患治理功能通过隐患报送系统展示企业定期开展隐患排查治理的情况，以及重大风险治理的过程与结果，展示风险与隐患的联动效应。

(4) 监测预警功能通过联网对企业的重大风险、重大隐患和重大危险源进行实时监测，及时预警，落实安全生产责任。

(5) 企业的风险管控、隐患治理和监测预警等发生异常情况，将分别推送信息给企业和监管部门，企业接收信息后及时处理，监管部门接收信息后进行核查确认，进行监管执法。

(6) 突发事件状况下，通过监测预警发送应急警报、企业告警、部门告警和现场执法一键应急等，启动应急管理程序，进行应急管理。

(7) 风险管控、隐患治理、监测预警、监管执法和应急管理的记录、结果等数据将作为对企业和监管部门绩效评估的重要指标和依据。

第二节　企业风险管控

一、风险智慧监测监控

（一）风险监测

风险监测是一个完整、独立的体系，包括监测程序、监测信息采集系统、监测指标体系和信息处理分析系统等[2,3]。

1. 监测程序

监测程序规定监控各项工作的信息流程，是根据监测目的设计的。对于不同的监测对象、监测目的和监测信息来源有不同的监测程序和工作内容，其目的是以最大限度获得监测相关信息和最有效取得科学监测结果为前提。

2. 监测信息采集系统

监测信息采集的形式大致上可以分为以下三种。

① 间接监测方式　监测人员和专家根据风险监测资料和监测机构制订的汇报表格，对风险进行间接的监测，采集风险信息。

② 现场调查方式　结合“两化”信息，由监测机构的专业人员对系统运

行实时情况和系统所涉及的“人、机、料、法、环”等相关因素进行充分的现场调研，以得到准确的信息。

③ 在线监测方式　应用计算机技术、网络技术、软件工程技术和电子工程技术，建立在线监测平台，在风险源安装风险感知装置，采集风险信息，从而收集监测信息。在线监测是强化信息化、自动化技术的应用，实现远程监测预警的有效方式。

3. 监测指标体系

监测指标体系是监控的关键因素。监测指标体系是能够比较完整地描述运行状态的信息载体，监测机构完成监测所需的信息绝大部分要通过指标进行定向采集。

4. 监测信息分析处理系统

监测信息分析处理系统的核心是数学模型。它的主要功能就是为采集到的并经过预处理的信息提供进一步处理的规则，最终得出监测结果，所以，实际上它是一种算法或多种算法的组合。从模型的数学形态看，有线性模型和非线性模型。尽管在一个事物中，各种不同因素的相互关系可能非常复杂，用简单的线性关系进行描述会产生误差，但在目前多数监测模型中，线性模型由于易于实现和理解而被广泛采用。在不知道各因素之间的准确关系时，采用线性关系得出的结果比较平稳也是一个重要的原因。

基于线性模型具有应用广泛和结果平稳的优点，结合风险管控和隐患排查治理双重预防性工作机制，本书涉及的风险分级管控平台的监测模型，从线性模型起步，经过实践积累一手资料后，然后开发更高级别的模型。

（二）风险预警与联动

由负有安监职责部门牵头，组织制定各行业、各类型的风险预警指标体系，实现风险分级预警和分级管控。

1. 报警触发

风险预警、联动和应急处置流程如图 6-3 所示。

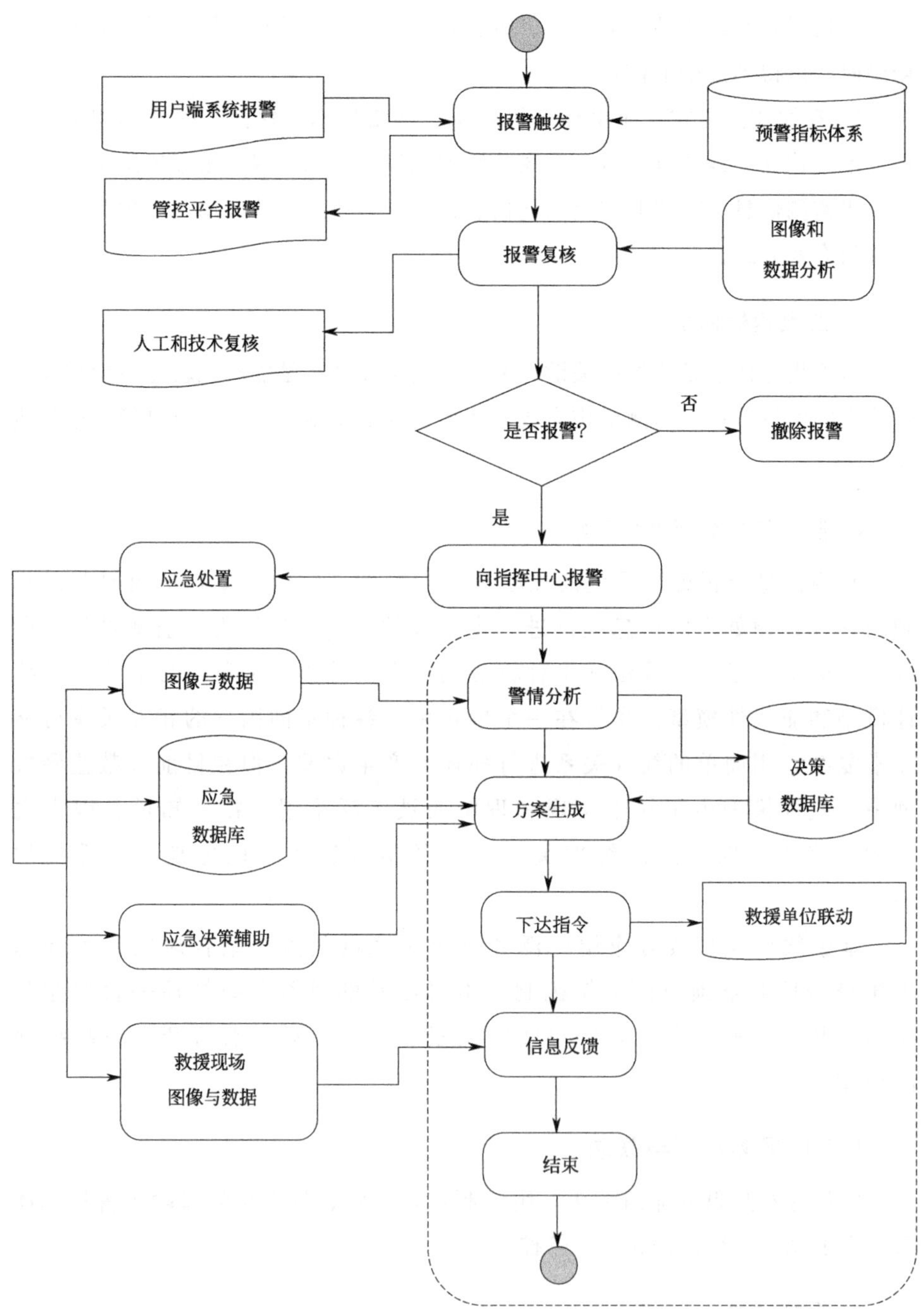

图 6-3　风险预警、联动与应急处置流程

报警触发源位于各前端报警点。报警触发之后，报警信息和现场图像信息将通过用户的终端系统将预警信息传送到监控中心进行报警复核。如果确实发生报警，监控中心启动报警，将报警信息发送到政府指挥中心。

2. 预案形成

指挥中心收到报警后，结合风险管控平台推送的信息（包括图像、语音和数据），进行警情分析，根据应急救援实战工作的需要制定预案，并提供应急触发条件，下达指令。

3. 信息跟踪与反馈

风险管控平台对预警进行实时跟踪和反馈，通过地理信息系统等直观展示预警现场以及周边环境的实时状况，提供气象、环境等参考数据，对现场处理信息进行跟踪，及时向应急中心反馈。

（三）应急管理

在管控系统发出报警后，转入应急管理程序，为指挥中心提供现场的图像、语音和数据，以供指挥中心进行警情分析；同时访问应急数据库，向指挥中心提供现场气象、周边环境、交通状况、应急救援预案、应急救援器材库、应急救援设备分布等数据，供指挥中心参考，同时专家辅助决策还可以提供在线咨询，在线技术服务等，以助于指挥中心迅速生成应对方案。平台还可以通过视频和监测装置及时反馈现场救援或处置信息，供负有安监职责的主管部门或其他联动单位及时了解现场救援情况。

基于风险预警、联动和应急处置流程，研究开发应急管理系统，使其作为风险管控平台的辅助模块。应急管理主要包括情景展示交互模块、应急救援预案库、集群决策辅助、应急救援辅助等功能。

情景展示交互模块主要是通过视频、语音或图像等方式对事件进行情景展示或情景在线，并通过网络会议室或视频会议室或通信联络系统等方式进行交流、沟通、调度等。该模块的开发有助于监管人员及时掌握事故现场情况，进行资源准备与调度决策。

应急救援预案模块包含两部分内容，一是建立应急救援预案数据库，用于应急救援设备的分布与规划，形成通用与专业应急救援设备库案例，便于应急救援设备配备方案自动优化生成。另一方面是对重点企业的应急救援预案进行审核和检查，对市一级的应急救援预案进行公布公示，供相关企业参考。

集群决策模块主要是在事件情景展示和人员交流后，对事件或风险进行分析和评估，通过征求或咨询相关领导、专家以及专业技术人员，发挥集群决策的作用，以便更有效地进行应急处置。

应急救援主要是在出现重特大事故风险预警时，软件自动根据风险的级别和类别自动给出应急救援预案或处置措施，以供参考。该功能对于做好应急物资储备、应急资源准备和应急调度，有效处置好应急事件有着积极的意义。

（四）绩效评估

为提升安全生产“五高”风险管控的工作效率，客观评价烟花爆竹经营企业和政府监管部门的工作成绩，充分调动烟花爆竹企业和监管部门的工作主动性和积极性，应对“五高”安全风险分级管控工作进行绩效评估。

绩效评估分为对监管部门的绩效评估和对企业的绩效评估。针对风险分级管控和隐患排查治理，在巩固原有成果的同时，坚持实行“四项”考核，即对二级监管部门每月考核；对烟花爆竹经营单位隐患排查质量考核；对生产经营单位的“7 个 1”考核；对各级各部门各单位的培训考核，考核结果纳入绩效管理。

依据“四项”考核进行建模，设计开发安全生产绩效评估系统，作为信息平台的一个子模块，纳入风险分级管控和动态管理体系之中。绩效评估系统由政府管理部门考核模块、企业考核模块和培训考核模块组成。绩效评估系统功能如图 6-4 所示。

二、风险精准管控

（一）企业风险管控流程

企业风险管控流程见图 6-5 所示。

1. 风险基础信息

企业采取录入或自动采集数据的方式，形成企业基本信息数据库。内容包

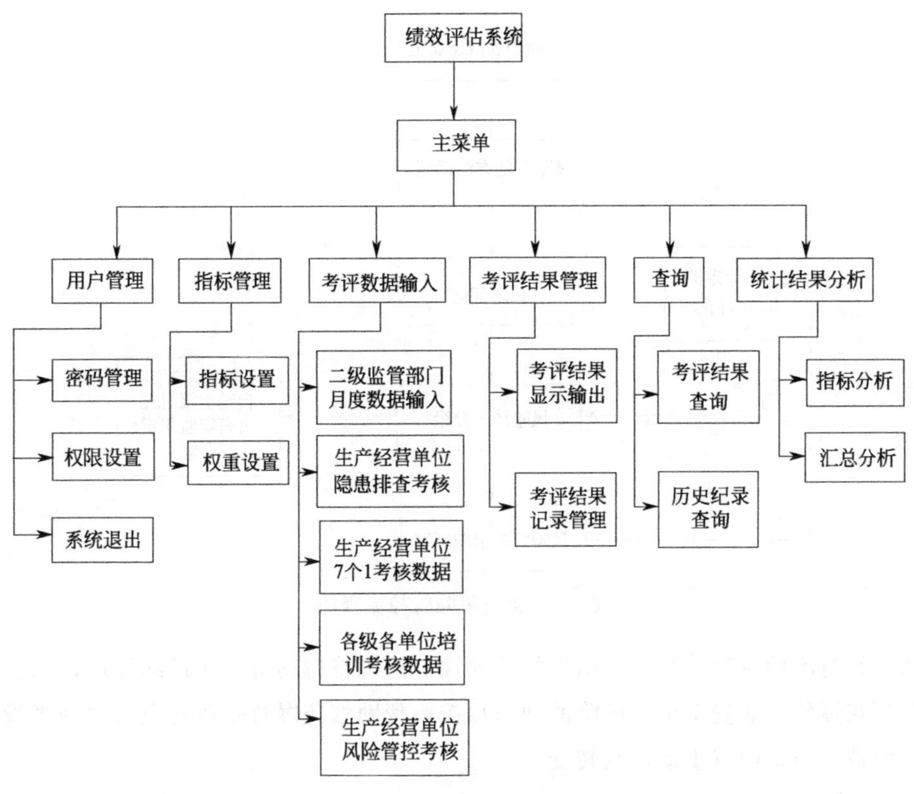

图 6-4　绩效评估系统图

括企业名称、联系人、联系电话、安全标准化等级、工艺情况、设备设施（包括特种设备）、涉及的危险化学品等信息。

2. 风险评估方法

所有烟花爆竹经营企业都需要通过风险分级管控系统，实现企业“点、线、面”三类风险的基本信息定期录入系统，并通过系统实现风险自动辨识和量化分级，同一风险要实现常态化的定期（周期不能超过一个月）风险排查分析，企业针对排查分析的不同等级风险，要依法制定相关风险管控措施或整改措施。

3. 风险评估分级

针对烟花爆竹经营企业的设备风险、工艺风险、作业风险、系统风险、事故风险、区域风险、管理风险等各类安全风险，对风险进行科学辨识、量化评

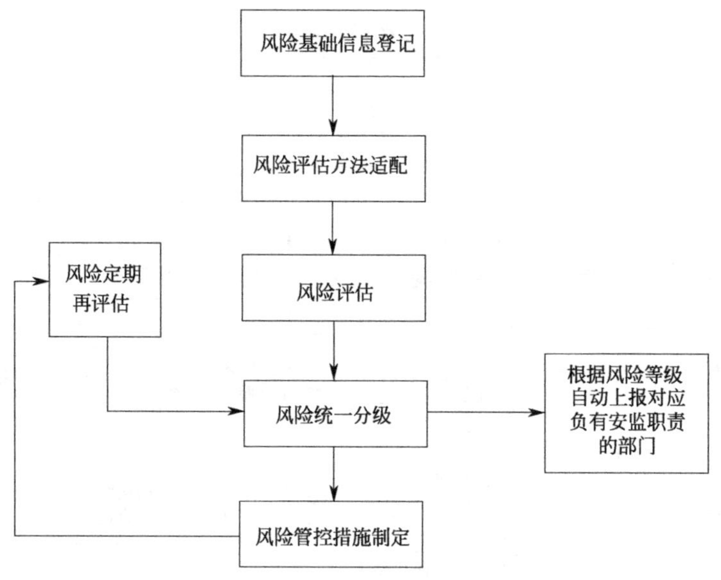

图 6-5 企业风险管控流程图

估，针对不同风险分级方法结果的差异性，系统将自动进行无量纲处理，以实现烟花爆竹企业安全生产风险的动态预控，帮助烟花爆竹企业安全风险分级管控由被动防护向着主动控制转变。

4. 风险统计分析

针对评估出的风险内容，建立统计分析模型和预测预警模型，对企业的风险分布进行指标分析、态势分析、风险预测预警分析，定期生成风险报表。

5. 风险分级管控

将烟花爆竹企业安全生产风险分类、分级设置风险管控内容（管理措施，定期评估办法、隐患排查周期），根据风险分级监管内容，自动将对应等级的风险报表同步传到相应的监管部门，建立健全烟花爆竹经营企业安全风险分级控制体系。

（二）风险管控措施

烟花爆竹经营企业在完成风险分析、识别、评估和分级后，应根据风险的实际情况，积极采取消除或降低风险的基本措施，如规避、接受、减轻、转移等，分别从技术控制、人的行为和管理措施等方面进行风险管控，并制定相应的对策措施。

1. 技术控制

技术控制就是采取必要的技术手段对固有风险源进行控制，从而避免事故触发因素发生作用。通常情况下，技术控制措施主要有以下内容：

完善安全保护系统，如报警、限速、限位、限压、限流、断电等；

完善安全防护措施，如隔离、密封、阻挡、警戒、警示等；

完善安全监控措施，如温度监测、压力监测、视频监测等；

完善劳动保护措施，如手套、口罩、耳塞、绝缘鞋等；

配置应急装备，如灭火器、防毒面具、应急灯等；

技术改造措施，技术更新、零部件更新等。

2. 人的控制

人的控制主要是控制人的不安全行为对风险源的触发作用。通常情况下有以下措施：

完善安全文化体系，强化安全文化引导；

建立学习制度，定期或经常组织学习，加强教育培训；

建章立制，制定岗位安全操作规程、安全作业规范等；

加强沟通，加强情绪疏导与控制。

3. 管理控制

管理控制就是采取科学有效的管理方法、制度或措施，达到降低风险的目的。通常情况下，管理控制措施主要有：

① 分级监管　采用网格化管理，建立三级安全管理网格平台。整合各方面资源，调动社会各级力量，依托统一的模式，借助数字化的平台，以属地管理、分级控制为原则，有效地进行信息交流、资源共享，提高安全管理水平。

② 完善制度　落实安全生产主体责任，健全安全管理三项制度，强化风险定岗，建立风险动态管理及更新机制。

③ 规范管理　企业推行安全生产标准化，形成安全生产标准化管理体系；政府部门加强安全监管执法规范化建设，制定工作细则，规范执法内容，强化信息公开，优化监管机制。

（三）企业对风险防范措施的改进程序

企业要组织有关部门和人员定期对风险防范措施进行评估，尤其在工艺、设备设施发生变化后，按照以下程序对防范措施进行改进：

1. 分析原因

组织相关部门和人员对风险的产生和存在的原因进行全面分析，做好记录。

2. 制订防范计划

针对重特大事故风险，提出防范的具体措施，制订防范改进计划，按照企业的管理体系进行控制和实施。

3. 实施过程监控

在方法计划实施的各个阶段实行不间断的定期监督检查，保证措施的完全落实。

4. 验证评估

防范计划完成后，按相应的工作程序对结果进行确认，组织专业人员对效果进行评估。

5. 举一反三

对企业存在的相似情况的风险进行辨识、分析和评估，采取适当的防范改进措施并落实。

（四）风险公告预警

在风险识别、评估和分级等各项工作完成后，要求烟花爆竹、企业或部门将风险的情况以风险告知牌的形式在相应的岗位、场所或者设备设施的醒目位置张贴或悬挂，涉及红、橙级风险时还应在岗位责任书中予以明确，并在网格单元内发布公告。公告样式如表 6-4 所示。

表 6-4 风险告知牌（样式）

风险名称		风险级别	
导致事故类型		责任人/岗位	
事故触发因素：		控制及应急措施：	
应急电话：		（警示图标）	

制作预警牌，实行安全等级分色预警活动。按风险的危害等级将红色、橙色、黄色和蓝色标识在作业单元的预警牌上，让作业人员看到预警牌就了解现

场的危险程度，提醒其注意提高安全意识，强化防控能力。

在风险级别升高，出现橙色、红色风险或出现地质气象等中重特大风险时，通过手机、电视、广播、网络等媒体，及时向社会公众发布风险预警信息。

（五）排查消除隐患

烟花爆竹企业针对各个风险点制定隐患排查治理制度、标准和清单，明确企业内部各部门、各岗位、各设备设施排查范围和要求，采取“排查、评估、报告、治理、验收、销号”的闭环管理机制，遵循“谁管理、谁负责”和“全方位、全过程、全员”的原则，确保责任、措施、资金、期限和预案“五落实”，建立起全员参与、全岗位覆盖、全过程衔接的管理隐患排查治理机制，实现企业隐患自查自改自报常态化。

（六）加强应急管理

烟花爆竹企业根据风险预判评估情况科学编制应急预案，并与当地政府及相关部门的有关应急预案相衔接。企业要建立专（兼）职应急救援队伍或与邻近专职救援队签订救援协议。在事故风险、隐患排除前或者排除过程中无法保证安全的，要从危险区域内撤出作业人员，疏散可能危及的其他人员。重点岗位要制定应急处置卡，每年至少组织一次应急演练。经常性开展从业人员岗位应急知识教育和自救互救、避险逃生技能培训，并定期组织考核。

（七）风险信息注册

烟花爆竹企业应建立风险登记制度，实行风险注册，形成风险信息注册和排查报告。

烟花爆竹企业要将所有安全风险点逐一登记，利用风险管控信息平台建立企业风险管控电子档案，详细记录企业基本信息、风险点名称和位置、诱发事故类型、安全风险等级、存在隐患情况和管控措施、管控责任部门和责任人及手机号码、属地监管政府及相关部门情况，形成风险信息注册和排查报告。安全生产风险因素变化后，要对报告及时评估，不断补充完善，形成动态化的报告管理制度。

对企业来讲，在“强制性报告”的基础上加强“自愿性报告”，扩大“自愿性报告”的范围，使企业更加透明、自愿或者主动接受社会、媒体的监督，这是一个报告升级、也是企业升级的过程。按照国际标准来规范，这一升级过程是企业应当逐步建立并最终实现的。开展风险管理，是面向未来的，心态是平和的，过程是阳光的。

（八）风险的动态管理及更新机制

基于大数据和风险评估模型的研究，开发安全风险分级管控和隐患排查治理双重预防性工作平台，应用平台的安全风险分级管控模块、隐患排查治理模块和监测预警模块，实现风险动态评估、分级和更新机制，是安全生产管理方式的创新。风险动态管理见图 6-6。

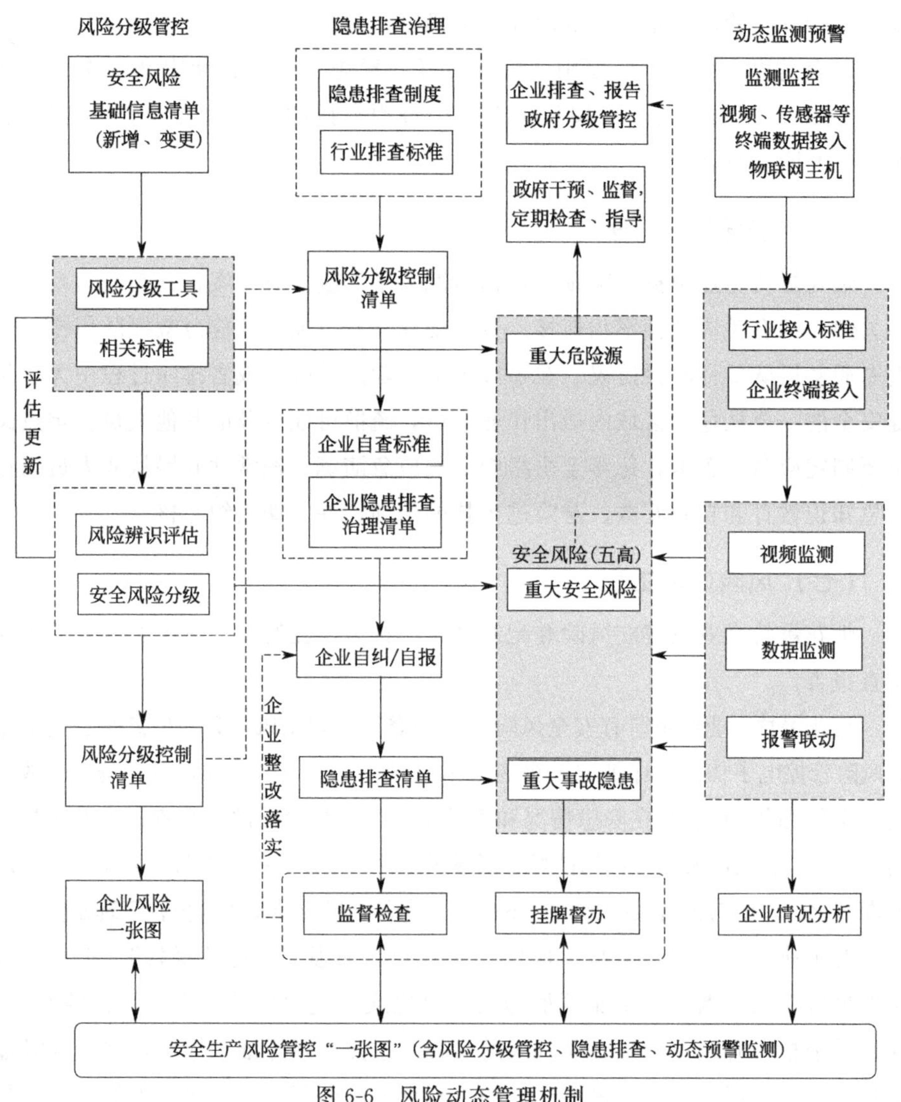

图 6-6 风险动态管理机制

企业首先根据要求进行风险辨识和隐患排查，形成企业的安全风险基础信息清单，然后利用评估模型对风险进行评估分级，形成企业风险控制清单。风险分级管控系统依据政府制定的分级标准对清单进行筛选分级，结合地理信息系统将企业重特大风险信息标记在企业风险“一张图”上，形成重特大风险分布时空电子地图；同时将企业风险控制清单推送至隐患排查治理信息系统，以供参考；辨识出的重大安全风险和重大危险源要及时报告负有安监职责的主管部门。

企业根据隐患排查制度和行业排查标准，结合企业自查标准，对风险分级管控系统推送的企业风险控制清单进一步分析评估，形成企业隐患排查治理清单。企业根据清单进行隐患分级管理，一般事故隐患企业自查自纠，向监管部门报告整改情况。隐患排查出的重大危险源和重大事故隐患要及时报告负有安监职责的主管部门。

政府根据企业报告的安全风险清单，按照分级管控的动态机制进行管控。一般危险（蓝色）由企业管控，显著危险（黄色）由街道（乡、镇）级别监管部门负责管控，高度危险（橙色）由区（县）级监管部门进行管控，极其危险（红色）由市监管部门进行管控。管控是动态的，如果风险级别降低，管控级别也随之降低，但是无论哪一级别进行管控，企业都是主体责任。

政府根据企业报告的重大事故隐患，按事故隐患分级标准判断是否挂牌督办。挂牌督办的，由政府直接干预，企业整改，政府督导，政府验收；不挂牌督办的，由企业整改，企业验收，整改结果报告政府，政府组织复查。

政府部门对风险辨识和隐患排查出的重大危险源进行监督，要求企业对重大危险源进行监控，并将其纳入风险监测预警系统。政府对于企业报送的重大安全风险和重大事故隐患要实行核查机制，满足条件的要纳入风险监测预警系统。

监测预警系统对纳入的各企业的监测监控信息、风险控制信息、隐患排查信息，在同一个中心平台上进行处理和分析，实现全市重大危险源、重特大风险的资源整合、共享及预警联动，提高全市风险动态分级、动态预警和应急处置的能力。信息平台六大功能业务流程如图 6-7 所示。

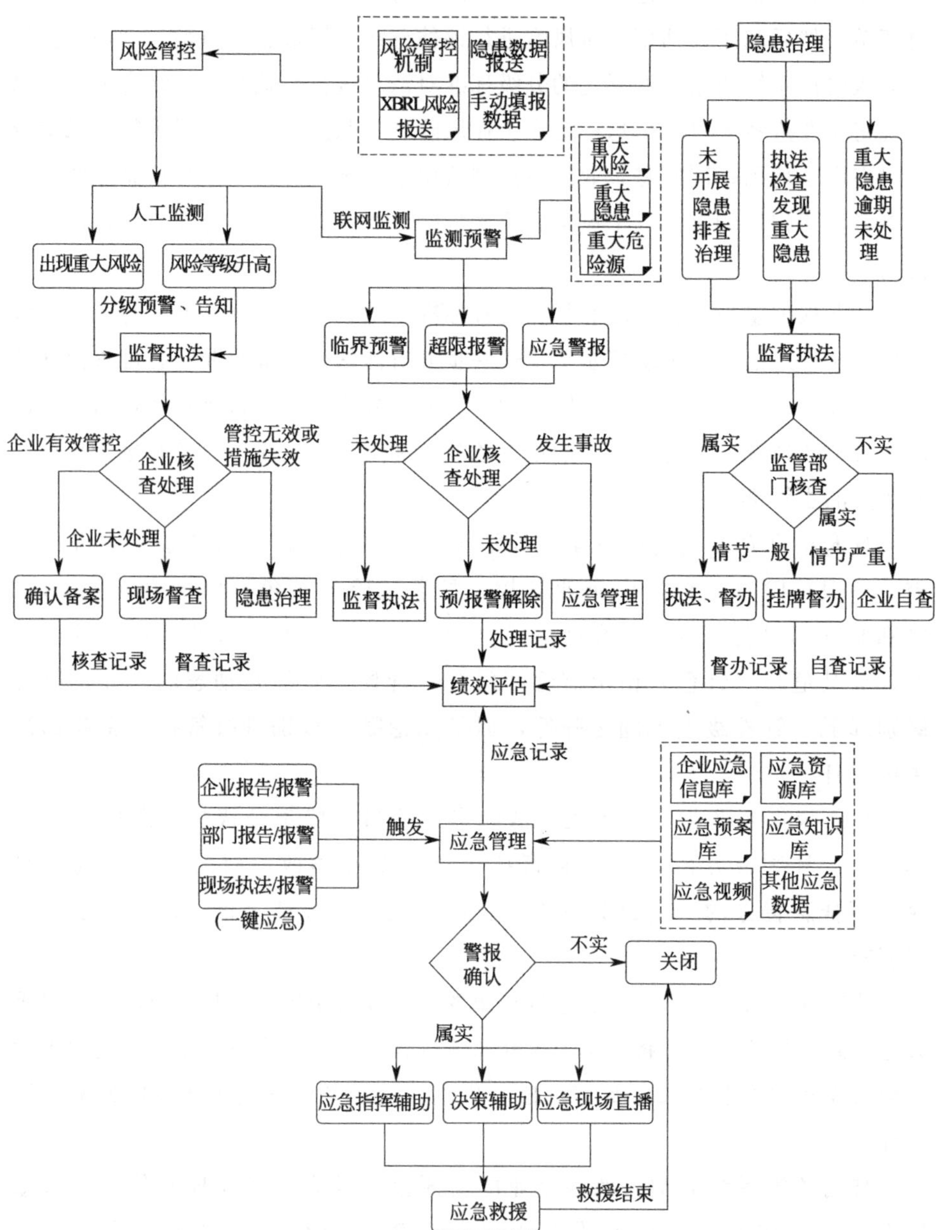

图 6-7　信息平台六大功能业务流程图

参考文献

[1] 李爽.煤矿安全双重预防机制建设实施指南[M]. 北京：应急管理出版社，2019.

[2] 姜旭初，姜威. 金属非金属矿山风险管控技术[M]. 北京：冶金工业出版社，2020.

[3] 赵怡情，李仲学，覃璇，等.尾矿库隐患与风险的表征理论及模型[M]. 北京：冶金工业出版社，2016.